高等院校艺术学门类“十四五”系列教材

产品设计制图基础

CHAN PIN SHE JI ZHI TU JI CHU

主　编◎梁雅迪
副主编◎王　军　熊　伟　余春林
参　编◎潘思颖　彭　魏　李　敏
王　祥

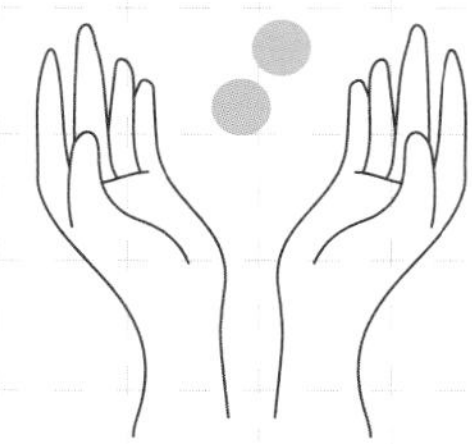

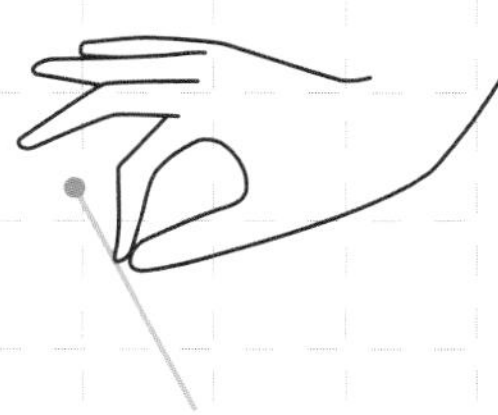

华中科技大学出版社
http://press.hust.edu.cn
中国·武汉

内 容 简 介

本书第一章讲解制图基础。第二章讲解尺规作图和尺寸标注。第三章讲解投影与视图的定义和关系。第四章讲解立体的投影与组合体的视图绘制、尺寸标注，以及轴测图绘制。第五章讲解图样的基本表示法。第六章讲解零件图和装配图绘制。

本书适用于本科院校的产品设计专业、工业设计专业的课程教学，也可以作为产品设计师的参考用书。

图书在版编目(CIP)数据

产品设计制图基础/梁雅迪主编. —武汉：华中科技大学出版社，2024. 6
ISBN 978-7-5772-0924-1

Ⅰ. ①产…　Ⅱ. ①梁…　Ⅲ. ①产品设计-绘画技法　Ⅳ. ①TB472

中国国家版本馆 CIP 数据核字(2024)第 105271 号

产品设计制图基础　　梁雅迪　主编
Chanpin Sheji Zhitu Jichu

策划编辑：彭中军
责任编辑：王炳伦
封面设计：廖亚萍
责任监印：朱　玢
出版发行：华中科技大学出版社(中国・武汉)　　电话：(027)81321913
武汉市东湖新技术开发区华工科技园　　邮编：430223
录　　排：华中科技大学惠友文印中心
印　　刷：武汉科源印刷设计有限公司
开　　本：889 mm×1194 mm　1/16
印　　张：8
字　　数：198 千字
版　　次：2024 年 6 月第 1 版第 1 次印刷
定　　价：59. 00 元

编委会名单

主　编：

梁雅迪（武昌理工学院艺术设计学院 讲师）

副主编：

王　军（湖北工业大学工业设计学院 副教授）

熊　伟（武昌理工学院艺术设计学院 教授）

余春林（武昌理工学院艺术设计学院 副教授）

参　编：

潘思颖（武昌理工学院艺术设计学院 讲师）

彭　魏（湖北工业大学工业设计学院 讲师）

李　敏（武汉工程大学邮电与信息工程学院 讲师）

王　祥（南京工程学院艺术与设计学院 讲师）

前言
Preface

在艺术设计类高等教育专业课程中，产品设计制图是本科一年级或二年级的专业核心必修课程。随着时代的发展和科技的进步，制图课程的内容一直跟随时代的脚步，不断更迭，在发展迅猛的今天，编者依然坚定地认为制图课程是十分重要且必要的基础课程之一。

对于产品设计专业的学生，制图课程不仅是根据国家标准进行读图、识图和绘图，更重要的是认识和了解制图在整个设计环节中的具体作用和重要意义。制图在大学专业课程中有着承上启下的作用，学习和掌握基础的读图、识图和绘图技能，可以为后续的产品手绘表现技法、计算机辅助设计（三维建模）、产品形态设计，以及产品设计中的各类专题设计课程打下基础。此外，制图能够进一步构建和强化学生对于产品造型（形态）的创新设计能力。制图不仅涉及产品的尺寸是否合适、正确，结构连接是否稳妥、结实，还关乎材料是否选择最佳，材料与工艺的经济成本等。

本书学习内容延伸至人机工程学、结构设计、材料与加工工艺等相关课程，打通课程之间的壁垒，将知识连贯，连通设计环节，进而扩展到产品的可行性、安全性、可实现性，以及人的认知、心理、行为和常识等设计内容。

现今，在人们当下的生活中，完全创新的产品并不多见，但人类还是在不断创新，不断进步。我们生活中常见的产品，小到手机、电器、能源车，大到高铁、飞机等，都有着需要遵循的国家标准和行业标准，从研发、生产到制造，再到上市，都需要通过层层严格的测试和检验。也就是说，在设计这个环节中，必须了解和遵循各种标准，如果想要将产品出口到国外，还应遵循相应的国际标准。同时，科技的进步也会进一步更新设计，技术在进步，设计也随之改变。不能空谈设计不落地，设计依然是一项需要实际制造且服务大众的活动。

本书由武昌理工学院支持出版，感谢武昌理工学院艺术设计学院的领导们以及产品设计系老师们的支持，在此表示衷心的感谢。

由于编者水平有限，时间仓促，书中难免有不妥之处，恳请读者批评指正。

编者

目录
Contents

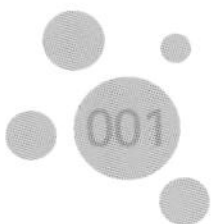

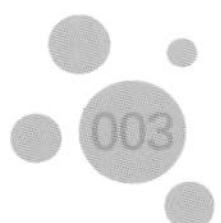

第一章

制 图 基 础

本章主要讲解制图基础知识、制图在设计环节中的作用，说明学习制图的重要性。制图基础知识包括国家标准、国际标准、常识原理、制图手段与方法。通过讲授，学生可以认识和掌握制图相关国家标准、制图相关基础原理知识，理解制图规范，初步掌握读图与绘图的基本方法。

1.1 制图目的

在人类的生产实践中，图纸可用于指导制造和传播同样的事物。纸是我国四大发明之一，在西汉时期（公元前 206 年）已经有了造纸术，东汉元兴元年（105 年）蔡伦改进了造纸术。他用树皮、麻头及敝布、渔网等原料，经过挫、捣、炒、烘等工艺制造的纸又称“蔡侯纸”，这也是现代纸的起源。纸的出现是书写材料的一次革命，它便于携带，取材广泛不拘泥，推动了中国、阿拉伯、欧洲乃至整个世界的文化发展。纸的发明与改进不仅使文字传播至今，也使更多的书本、图册传承下来。

《新仪象法要》是宋朝天文学家苏颂为水运仪象台所作的设计说明书。该书成于宋神宗绍圣初年，约公元 1094—1096 年间。据《宋史 · 艺文志》等记载，《新仪象法要》又曾名《绍圣仪象法要》《仪象法纂》等。《新仪象法要》是一部具有世界意义的古代科技著作。这部不足三万字的著作，记下了中华民族古代的许多光辉成果，其中就有世界上最早的机械钟表的锚状擒纵器，它记录的水运仪象台观测室活动屋板，是现代天文台圆顶的祖先。《新仪象法要》还为我们留下天文仪器和机械传动的全图、分图、零件图五十多幅，绘制机械零配件一百五十多种，是我国也是世界保存至今的最早、最完整的机械图纸。《新仪象法要》水运仪象台复原透视图如图 1-1 所示。

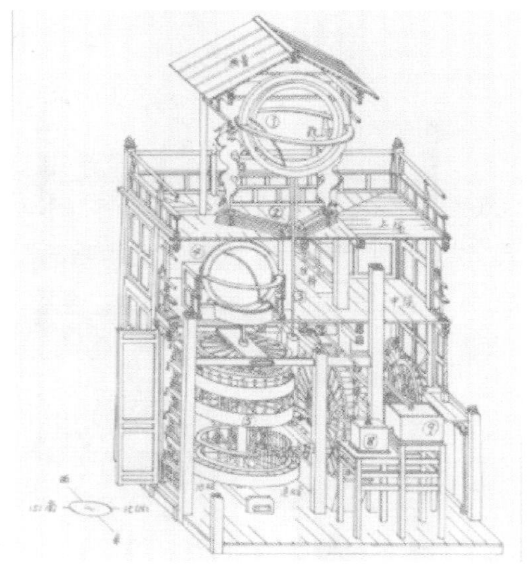

图 1-1 《新仪象法要》水运仪象台复原透视图①

① 苏颂. 新仪象法要[M]. 上海：上海古籍出版社，2007.

《天工开物》初刊于明崇祯十年(1637 年)。《天工开物》是世界上第一部关于农业和手工业生产的综合性著作,是中国古代一部综合性的科学技术著作,有人也称它是一部百科全书式的著作,作者是明朝科学家宋应星。《天工开物》内页如图 1-2 所示。

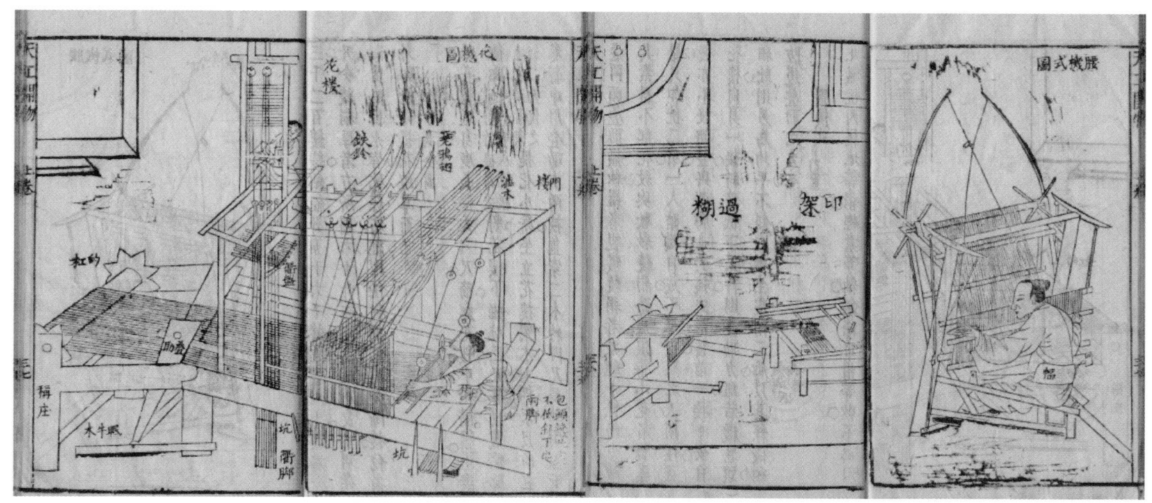

图 1-2 《天工开物》内页

《考工记》出于《周礼》,是中国春秋战国时期记述官营手工业各工种规范和制造工艺的著作。这部著作记述了齐国关于手工业各个工种的设计规范和制造工艺,书中还保留有先秦大量的手工业生产技术、工艺美术资料,记载了一系列的生产管理和营建制度,一定程度上反映了当时的思想观念。《考工记》是中国所见年代最早的记载手工业技术的文献,该书在中国科技史、工艺美术史和文化史上都占有重要地位,在当时世界上也是独一无二的。全书共 7100 余字,记述了木工、金工、皮革、染色、刮磨、陶瓷等六大类 30 个工种的内容,反映出当时中国的科技及工艺水平。此外《考工记》还有数学、地理学、力学、声学、建筑学等多方面的知识和经验总结。关于《考工记》的作者和成书年代,长期以来学术界有不同看法。有学者认为,《考工记》是齐国官书(齐国政府制定的指导、监督和考核官府手工业、工匠劳动制度的书),作者为齐稷下学宫的学者。《考工记》主体内容编纂于春秋末至战国初,部分内容补于战国中晚期。《考工记》(清戴震撰,清乾隆时期曲阜孔继涵微波榭刊本)内页如图 1-3 所示。

先人将研究出来的劳动工具、生活和生产所用技术都以纸和书本为载体的形式进行记录和传播,这些成果不仅成为后来的惊世佳作,也为后人提供了宝贵的经验。

不同设计专业有不同的制图标准,但制图目的是一样的。在真实设计项目中,可以通过制图不断改进和完善设计方案,为后续的生产制造提供重要的数据支撑,为打造样品测试及后续大批量生产制造提供便利。

学习制图的目的不仅是完成绘图工作,而是真正了解设计的每一个细节,使用的每一处材料,每一处结构连接特点,进而不断训练自身的思维能力,构建形态能力,判断设计方案的可行性,更是培养对于设计工作的严谨仔细的态度。最终,设计方案在投入大批量生产制造前,通过制图,尽可能发现问题,减少错误,提高整体效率,降低误差,达到最终设计目的。

现今,我们的生活中许多常见的物品也都是从研发到制造,再到销售,比如电饭煲、吹风机、电视

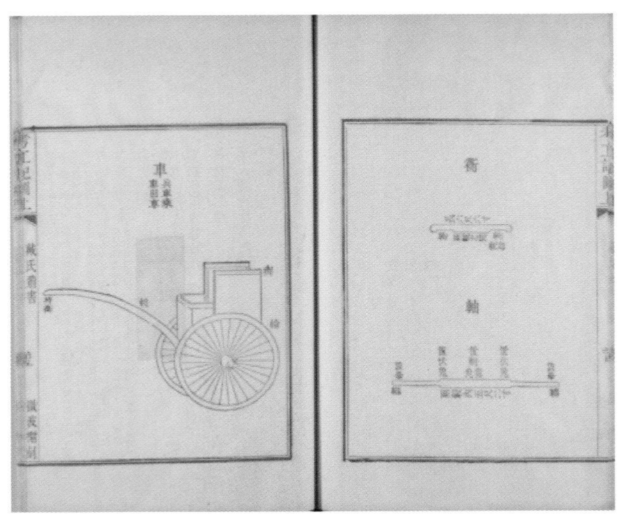

图 1-3 《考工记》(清戴震撰,清乾隆时期曲阜孔继涵微波榭刊本)内页

机、手机,以及汽车、高铁、飞机等。在制造业的各个环节中,想要获得合适、好用、耐用及安全的产品,就必须严格遵守国家标准,或国际标准,遵守行业准则和规范,许多技术的运用也需要通过严格的安全测试,方能将产品传递至消费者的手中,解决他们不断增长的物质需求和精神需求。北京冬季奥运会火炬及设计图如图 1-4、图 1-5 所示。

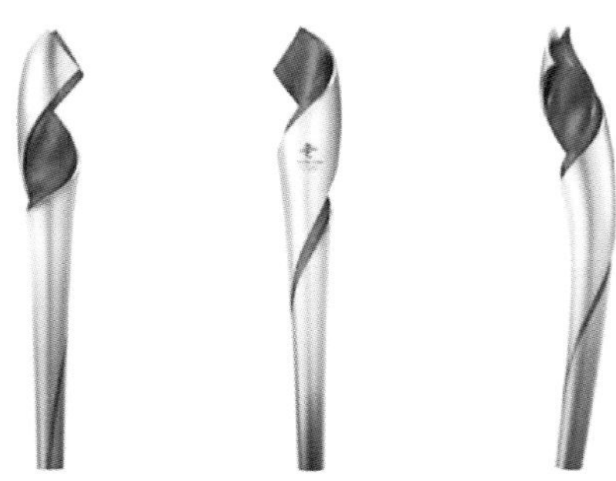

图 1-4 北京冬季奥运会火炬

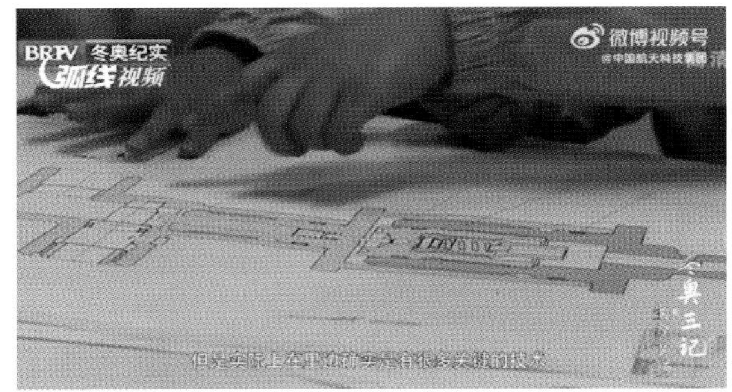

图 1-5 北京冬季奥运会火炬纪录片截图

1.2 制图标准

1.2.1 标准制定的目的

标准是为了在一定范围内获得最佳秩序,经协商一致制定并由公认机构批准,为各种活动或其结果提供规则、指南或特性,供共同使用和重复使用的一种文件。

国家标准《标准化和有关领域的通用术语 第1部分:基本术语》(GB/T 3935.1—1996)中对标准的定义是:为在一定范围内获得最佳秩序,对活动或其结果规定共同的和重复使用的规则、导则或特性的文件。该文件经协商一致制定并经一个公认机构的批准。它以科学、技术和实践经验的综合成果为基础,以促进最佳社会效益为目的。国家标准《标准化工作指南 第1部分:标准化和相关活动的通用术语》(GB/T 20000.1—2014)条目5.3中对标准描述为:通过标准化活动,按照规定的程序经协商一致制定,为各种活动或其结果提供规则、指南或特性,供共同使用和重复使用的文件。《标准化工作指南 第1部分:标准化和相关活动的通用术语》(GB/T 20000.1—2014)附录A表A.1的序号2中对标准的定义是:为了在一定范围内获得最佳秩序,经协商一致确定并由公认机构批准,为活动或结果提供规则、指南或特性,供共同使用和重复使用的文件。

为了保证设计方案在整个生产制造环节中的顺利进行,中国国家标准管理委员会依据国际标准化组织制定的国际标准,颁布了技术制图、机械制图等一系列技术产品文件的国家标准。

我国为了便于加强对国家标准的管理和监督执行,将国家标准分为强制性国家标准(代号为"GB")和推荐性国家标准(代号为"GB/T")。以在产品设计制图中常用的《技术制图 图纸幅面和格式》(GB/T 14689—2008)为例,其中:"GB"为国家标准缩写;"T"为推荐缩写;"14689"为标准序列号;"2008"为标准颁布年份。

强制性国家标准只占整个国家标准中的较少部分,但必须严格遵照执行。推荐性国家标准占整个国家标准中的绝大部分,如没有特殊缘由和特殊需求,也须严格遵守执行。

此外,在日常学习和作图作业过程中,应养成遵循相关标准的作图习惯,养成良好的作图习惯,并在未来的设计实践中严格遵守执行。

1.2.2 常见制图标准

在设计过程中,图样是一种方便表达、沟通、协调与交流的重要工具,在制造过程中,图样是设计落地的重要依据。为了保障设计顺利进行,设计师、模具师、结构工程师等都需要按照图样进行沟通。作为设计师,必须严格遵守相应制图要求,认真执行相关国家标准,从而保证设计方案能够顺利进行。

下面根据国家标准《技术制图 图纸幅面和格式》(GB/T 14689—2008)中关于图纸幅面和格式、比例、字体、图线、尺寸标注等相关规定进行介绍,如图1-6所示。

1.2.3 图纸幅面

为了便于图样的绘制与保存,根据《技术制图 图纸幅面和格式》(GB/T 14689—2008)中对图纸幅面的规定,图样应绘制在标准的图纸幅面上。

图纸幅面是指图纸宽度与长度组成的图纸大小。在绘制图样时,应优先采用基本幅面,对应的代号是A0、A1、A2、A3、A4五种规格尺寸。图纸幅面尺寸和代号见表1-1,图纸的幅面尺寸如图1-7所示,单位均为毫米。

ICS 01.100.01
J 04

中华人民共和国国家标准

GB/T 14689—2008
代替 GB/T 14689—1993

技术制图　图纸幅面和格式

Technical drawings—Size and layout of drawing sheets

(ISO 5457:1999, Technical product documentation—Sizes and layout of drawing sheets, MOD)

2008-06-26 发布　　　　2009-01-01 实施

中华人民共和国国家质量监督检验检疫总局
中国国家标准化管理委员会　发布

图 1-6 《技术制图 图纸幅面和格式》(GB/T 14689—2008)

表 1-1 图纸幅面尺寸和代号

幅面代号	A0	A1	A2	A3	A4
B×*L*	841×1189	594×841	420×594	297×420	210×297
c	10			5	
a	25				
e	20			10	

此外,必要时可按照规定加长图纸的幅面,加长幅面的尺寸由基本幅面的宽度或长度成整数倍增加后得出,见表 1-2 和表 1-3。

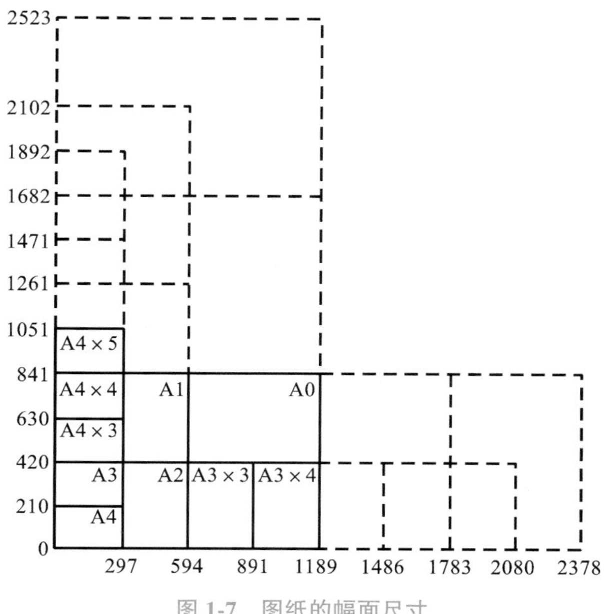

图 1-7　图纸的幅面尺寸

表 1-2　基本幅面（第一选择）

幅面代号	尺寸 $B \times L$
A0	841×1189
A1	594×841
A2	420×594
A3	297×420
A4	210×297

表 1-3　基本幅面（第二选择）

幅面代号	尺寸 $B \times L$
A3×3	420×891
A3×4	420×1189
A4×3	297×630
A4×4	297×841
A4×5	297×1051

1.2.4 图框

图框指图纸上限定绘图区域的线框，图样应绘制在此图框线以内方才有效。在已选定的图纸幅面上绘图时，须按照表 1-2 中对应的数值，用粗实线绘制图框。

图框的格式分为留装订边和不留装订边两种，图框必须用粗实线画出，同一产品应采用相同的图框格式。在学习制图课程时，作业建议使用有装订边的图纸，在课程结束后方便装订成册保存。

无装订边的图纸，其图框格式如图 1-8、图 1-9 所示，尺寸按表 1-1 的规定选择。

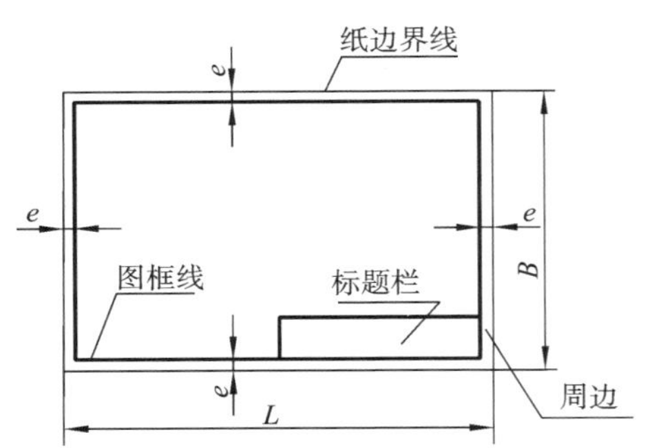

图 1-8　无装订边图纸(X 型)的图框格式

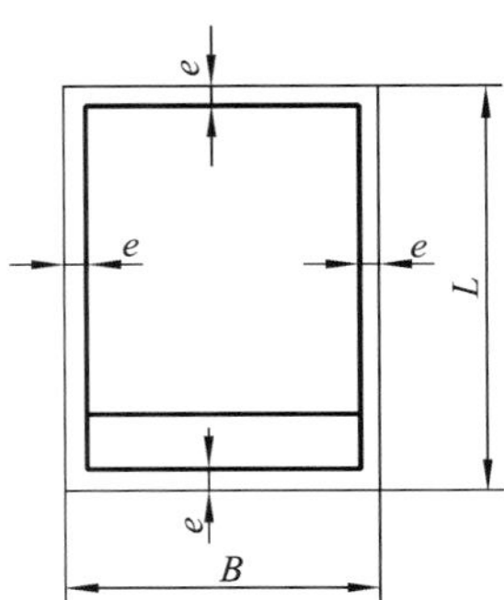

图 1-9　无装订边图纸(Y 型)的图框格式

有装订边的图纸，其图框格式如图 1-10、图 1-11 所示，尺寸按表 1-1 的规定选择。

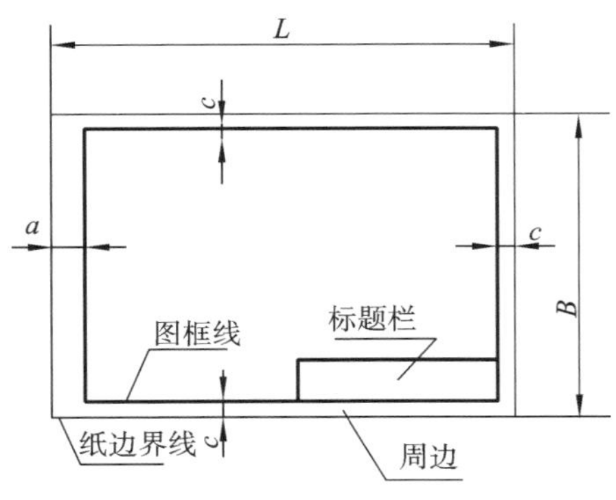

图 1-10　有装订边图纸(X 型)的图框格式

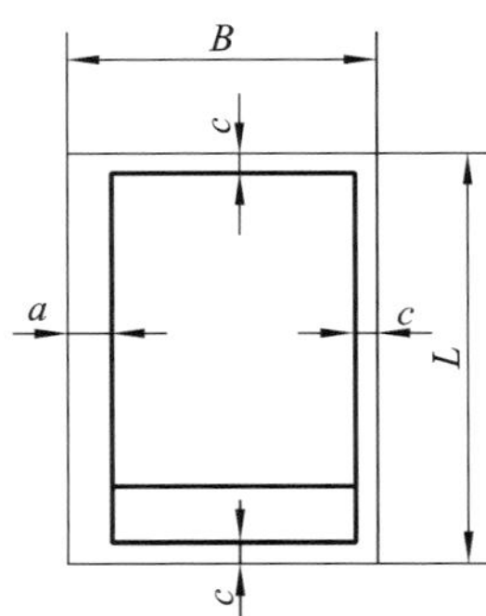

图 1-11　有装订边图纸(Y 型)的图框格式

注意：

(1)绘制技术图样时，应优先采用基本幅面。必要时，也允许选用加长幅面。

(2)加长幅面的图框尺寸，按所选用的基本幅面大一号的图框尺寸确定。例如 A2×3 的图框尺寸，按 A1 的图框尺寸确定，即 e 为 20(或 c 为 10)，而 A3×4 的图框尺寸，按 A2 的图框尺寸，即 e 为 10(或 c 为 10)，如表 1-3、表 1-4 所示。

表 1-4 图框尺寸参照表 （单位：mm）

幅面代号	A0	A1	A2	A3	A4
$B \times L$	841×1189	594×841	420×594	297×420	210×297
e	20		10		
c	10			5	
a	25				

1.2.5 标题栏

国家标准《技术制图 标题栏》（GB/T 10609.1—2008）对标题栏的基本要求、内容、格式与尺寸做出了明确规定，如图 1-12 所示。标题栏一般应位于图纸的右下角，其底边与下图框线重合，右边与右图框线重合，看图的方向与标题栏方向应一致。

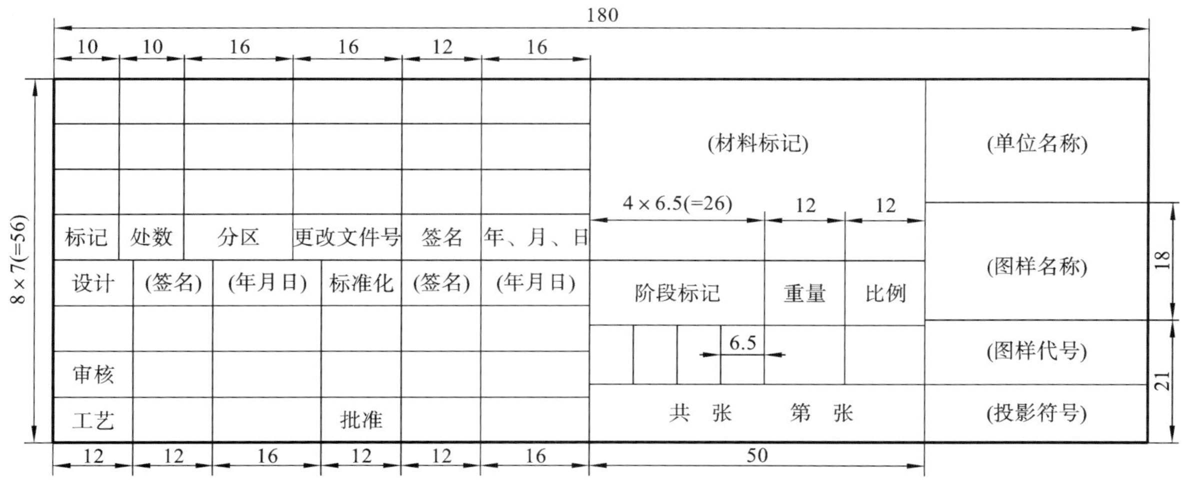

图 1-12 国家标准规定的标题栏格式

标题栏一般由名称及代号区、签字区、更改区和其他区组成。标题栏的线型应按照国家标准《技术制图 图线》（GB/T 17450—1998）中规定的粗实线和细实线的要求绘制。各设计单位可以根据自身需求定制相应内容，但标题栏的格式、尺寸、绘制线型、字体（签字除外）和年、月、日的填写均应符合相应国家标准的规定。

在遵守国家标准中标题栏格式的前提下，学生在学习过程中可使用简化的标题栏，如图 1-13 和图 1-14 所示。

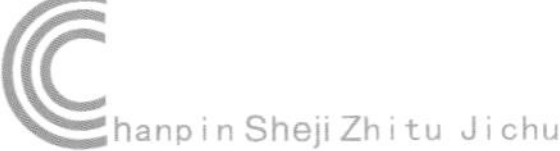

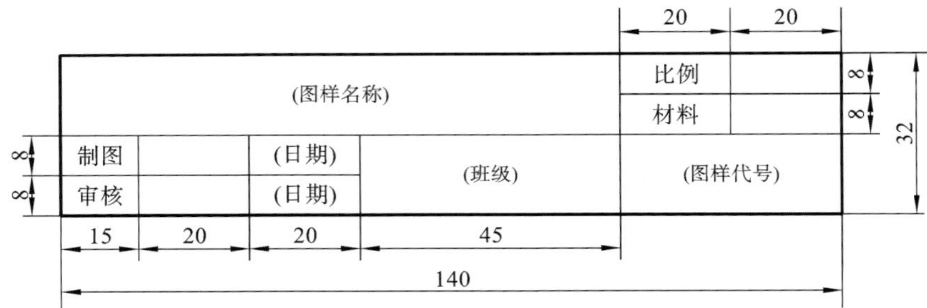

图 1-13　学生作业用标题栏(零件图)

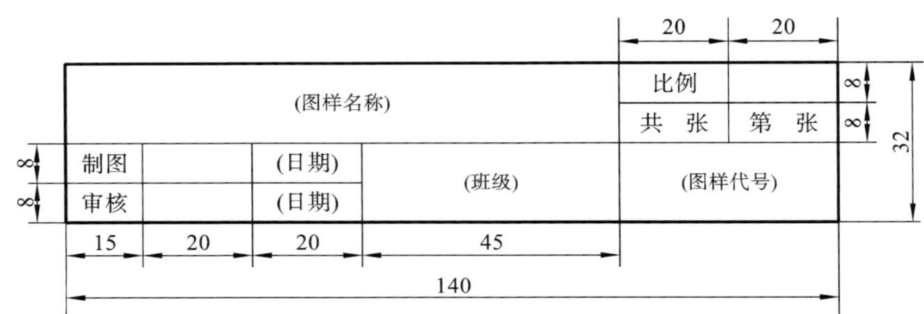

图 1-14　学生作业用标题栏(装配图)

1.2.6　绘图比例

国家标准《技术制图 比例》(GB/ T 14690—1993)中对比例的定义:图中与其实物相应要素的线性尺寸之比。线性尺寸是指相关的点、线、面本身的尺寸或它们的相对距离,比如直线的长度宽度,圆的直径、半径等。

比例分原值比例(比例为 1 的比例),即 1 : 1;放大比例(比例大于 1 的比例),如 2 : 1 等;缩小比例(比例小于 1 的比例),如 1 : 2 等。比例的符号为“ : ”,比例应使用阿拉伯数字表示,比例的表示方法如 1 : 1、1 : 500、20 : 1 等。在绘制图样时,应优先选择表 1-5 规定的比例。

表 1-5　优先使用的绘图比例

种　　类	比　　例		
原值比例	1 : 1		
放大比例	5 : 1		2 : 1
	(5×10^n) : 1	(2×10^n) : 1	(1×10^n) : 1
缩小比例	1 : 2	1 : 5	1 : 10
	1 : (2×10^n)	1 : (5×10^n)	1 : (1×10^n)

注:n 为正整数

必要时，也允许选取表 1-6 中的比例。

表 1-6 允许使用的绘图比例

种类	比例				
放大比例	4∶1 (4×10^n)∶1		2.5∶1 (2.5×10^n)∶1		
缩小比例	1∶1.5 1∶(1.5×10^n)	1∶2.5 1∶(2.5×10^n)	1∶3 1∶(3×10^n)	1∶4 1∶(4×10^n)	1∶6 1∶(6×10^n)

注：n 为正整数

比例一般应标注在标题栏中的比例栏内，必要时，可在标注在视图名称的下方或右侧。一般情况下，一个图样应选用一种比例进行绘图。若需要在某一视图中使用不同比例，即某个视图或某一部分选用不同比例进行绘图，必须另行将比例标注清楚。

无论图样采用放大比例还是缩小比例进行绘图，在图样中的标注必须是机件的实际尺寸。

1.2.7 字体

在图样中除绘制图形外，还需要使用文字和数字来说明机件的大小、技术要求等其他内容。国家标准《技术制图 字体》(GB/ T 14691—1993)对图样中的字体有如下要求。

①在图样中书写的字体必须做到：字体工整，笔画清楚，间隔均匀，排列整齐。

②字体的号数，即字的高度(用 h 表示)，其公称尺寸系列为 1.8、2.5、3.5、5、7、10、14、20 mm，如需书写更大的字，其字体高度应以$\sqrt{2}$的比率递增。

③汉字应写成长仿宋体字，并应采用中华人民共和国国务院正式公布推行的《汉字简化方案》中规定的简化字，汉字的高度不应小于 3.5 mm，其字宽一般为 $h/\sqrt{2}$。长仿宋体汉字书写须做到横平竖直、注意起落、结构均匀、填满方格。

④字母和数字分 A 型和 B 型。A 型字体的笔画宽度(d)为字高(h)的十四分之一，B 型字体的笔画宽度(d)为字高(h)的十分之一。字母和数字可写成斜体和直体。斜体字字头向右倾斜，与水平基准线成 75°。

⑤汉字、拉丁字母、希腊字母、阿拉伯数字和罗马数字等组合书写时，其排列格式和间距应符合相应规定。

⑥在同一图样上，只允许选用一种形式的字体。

提示：在绘图时，学生应尽可能做到字体书写工整和清晰，并保持一致。

1. 长仿宋体汉字示例

长仿宋体汉字如图 1-15 所示。

10 号字

字体工整　笔画清楚　间隔均匀　排列整齐

7 号字

横平竖直注意起落结构均匀填满方格

5 号字

技术制图机械电子汽车航空船舶土木建筑矿山井坑港口纺织服装

3.5 号字

螺纹齿轮端子接线飞行指导驾驶舱位挖填施工引水通风闸阀坝棉麻化纤

图 1-15　长仿宋体

2. 拉丁字母字体示例

(1)A 型拉丁字母字体示例。

①A 型拉丁字母字体大写斜体和大写直体如图 1-16 所示。

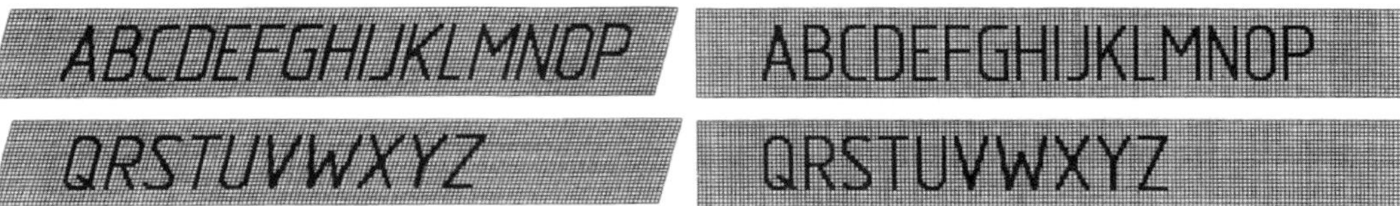

图 1-16　A 型拉丁字母字体大写斜体、大写直体

②A 型拉丁字母字体小写斜体和小写直体如图 1-17 所示。

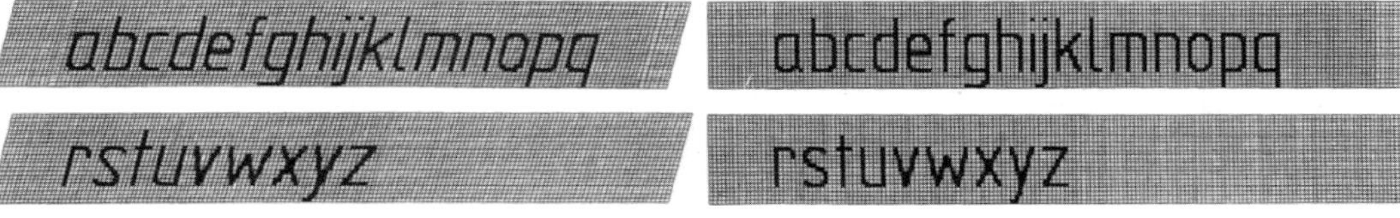

图 1-17　A 型拉丁字母字体小写斜体、小写直体

(2)B 型拉丁字母字体示例。

①B 型拉丁字母字体大写斜体和大写直体如图 1-18 所示。

图 1-18　B 型拉丁字母字体大写斜体、大写直体

②B 型拉丁字母字体小写斜体和小写直体如图 1-19 所示。

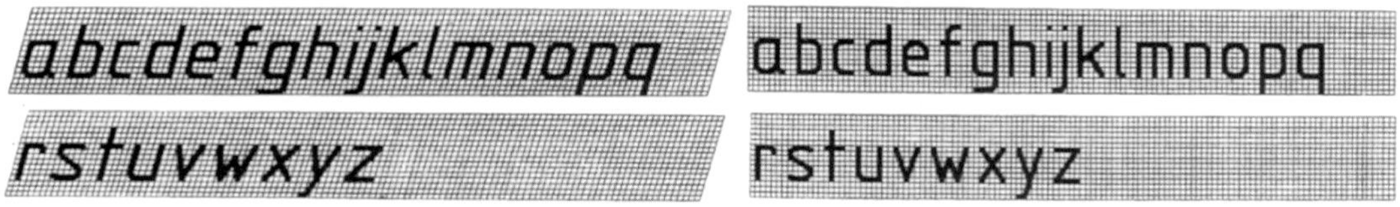

abcdefghijklmnopq
rstuvwxyz
abcdefghijklmnopq
rstuvwxyz

图 1-19 B 型拉丁字母字体小写斜体、小写直体

（3）A 型阿拉伯数字字体示例。

①A 型阿拉伯数字字体斜体和直体如图 1-20 所示。

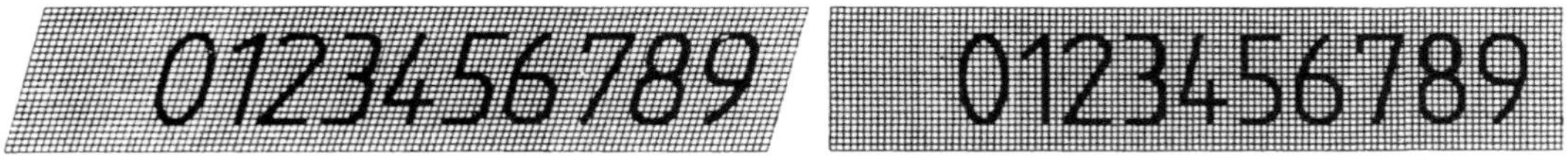

0123456789
0123456789

图 1-20 A 型阿拉伯数字字体斜体、直体

②B 型阿拉伯数字字体斜体和直体如图 1-21 所示。

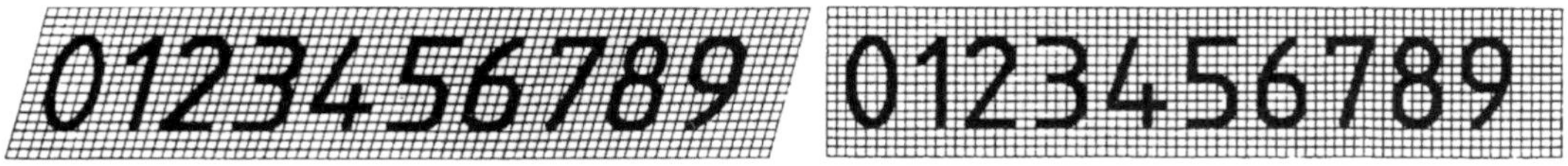

0123456789
0123456789

图 1-21 B 型阿拉伯数字字体斜体、直体

3. 罗马数字字体示例

（1）A 型罗马数字字体斜体和直体如图 1-22 所示。

I II III IV V VI VII VIII IX X
I II III IV V VI VII VIII IX X

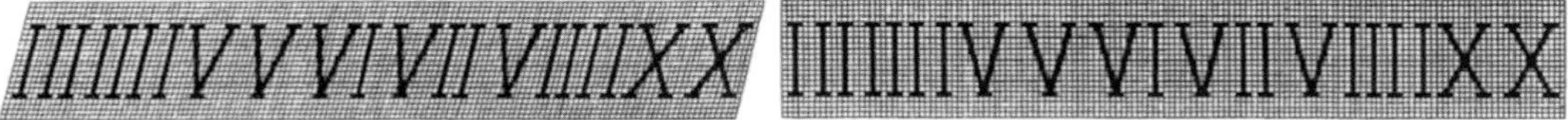

图 1-22 A 型罗马数字字体斜体、直体

（2）B 型罗马数字字体斜体和直体如图 1-23 所示。

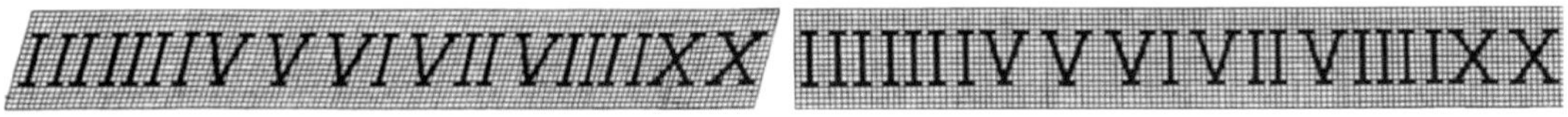

I II III IV V VI VII VIII IX X
I II III IV V VI VII VIII IX X

图 1-23 B 型罗马数字字体斜体、直体

4. 其他

用作指数、分数、极限偏差、注脚等的数字及字母，一般应采用小一号的字体，如图 1-24 所示。

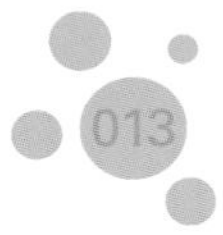

$$10^{3} \quad S^{-1} \quad D_{1} \quad T_{d}$$

$$\Phi 20^{+0.010}_{-0.023} \quad 7^{\circ}{}^{+1^{\circ}}_{-2^{\circ}} \quad \frac{3}{5}$$

图 1-24　指数、分数、极限偏差、注脚等数字及字母

图样中的数学符号、物理量符号、计量单位符号及其他符号、代号，应分别符合国家的有关法令和标准的规定，如图 1-25 所示。

l/mm　m/kg　460r/min

220V　5MΩ　380kPa

图 1-25　数学符号、物理量符号、计量单位符号

其他应用示例，如图 1-26 所示。

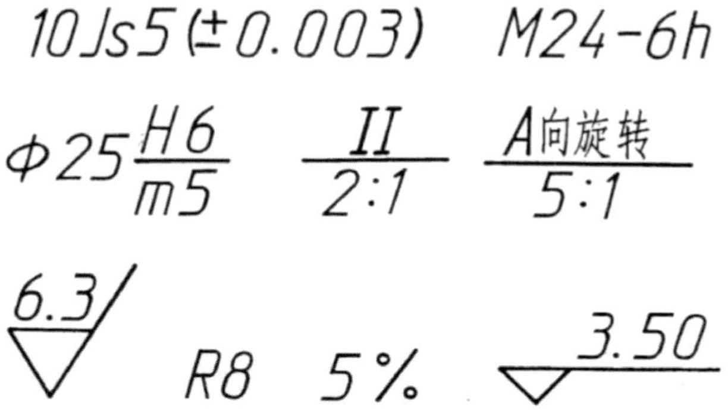

10Js5(±0.003)　M24-6h

$\Phi 25\frac{H6}{m5}$　$\frac{II}{2:1}$　$\frac{A\text{向旋转}}{5:1}$

6.3　R8　5%　3.50

图 1-26　其他应用示例

1.2.8　图线

在国家标准《技术制图 图线》(GB/ T 17450—1998)中，对各种技术图样中的图线名称、线型、线宽、构成及画法规则等都作出了明确规定。国家标准《机械制图 图样画法 图线》(GB/ T 4457. 4—2002)则规定了常用的图线线型，在机械图样中采用粗、细两种线宽，它们之间的比例为 2 : 1，粗线的线宽为 d，d 应在 0. 25、0. 35、0. 5、0. 7、1、1. 4、2 mm 中，根据图样的类型和相应的要求确定，优先采用线宽 0. 5 mm 或 0. 7 mm 的图线。为了保证图样清晰，绘图时应尽量避免宽度小于 0. 18 mm 的图线。表 1-7 中列出了各种图线的名称、线宽及其应用范围。

表 1-7　图线标准

图线名称	线　　型	宽度	应　　用
粗实线		d	可见轮廓线
细实线		0.5d	过渡线、尺寸线、尺寸界线、剖面线、指引线、基准线、重合断面的轮廓线、辅助作图线
波浪线		0.5d	断裂处的边界线、视图和剖视图的分界线。在一张图样上一般采用一种线型
双折线		0.5d	
粗虚线		d	限定范围表示线
细虚线		0.5d	限定范围表示线
粗点画线		d	有特殊要求表面的表示线
细点画线		0.5d	轴线、对称中心线、分度圆(线)、孔系分布的中心线
细双点画线		0.5d	相邻辅助零件的轮廓线、极限位置的轮廓线、轨迹线

常用图线应用示例,如图 1-27 所示。

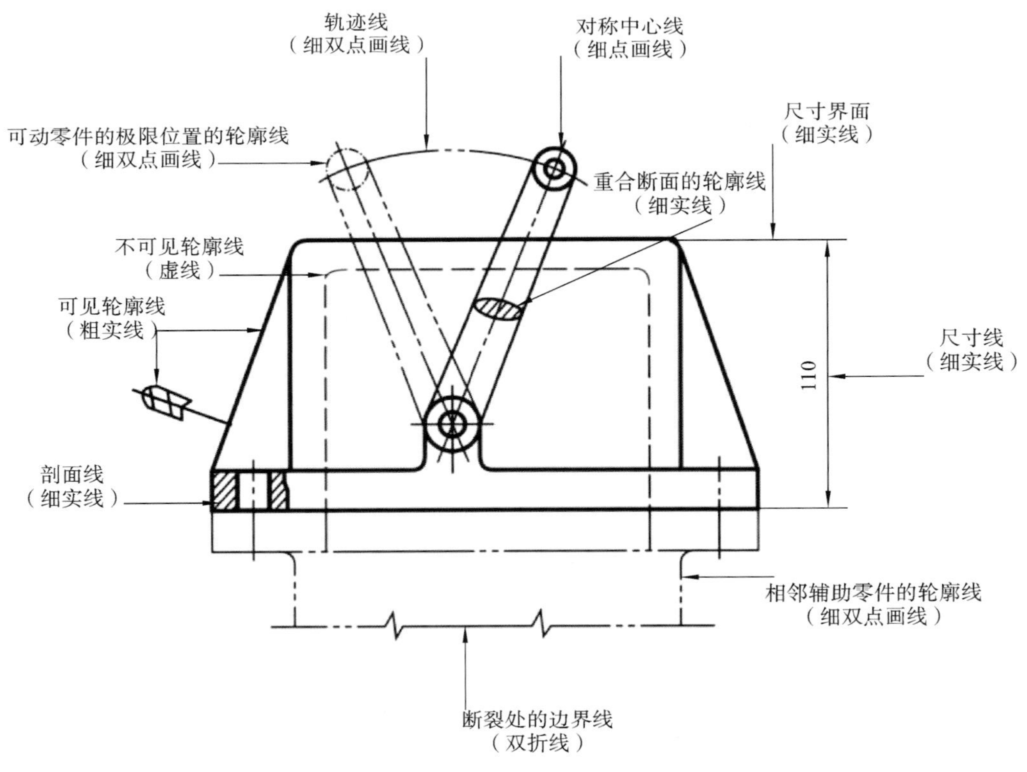

图 1-27　图线的应用示例

图线画法注意以下几点。

①在同一图样中，同类型图线的宽度应保持一致，虚线、点画线及双点画线的短画、长画的长度与间隔均应各自相等。

②点画线、虚线和其他图线相交时，都应在线段处相交，而不是间隔或点处相交。

③绘制圆的对称中心线时，圆心应为线段，即长画的交点，点画线和双点画线的起始两端应是长画线。

④轴线、对称线、中心线、双折线和作为中断线的细双点画线，应超出轮廓线 2~5 mm。超出量在同一图样中，应保持基本一致。

⑤在较小的区域绘制细点画线、细双点画线有困难时，可用细实线绘制。

⑥当虚线与虚线，或与实线相交时，应以线段相交，不得留有空隙。虚线位于粗实线的延长线上时，粗实线应画到分界点，而虚线则留有空隙，以表示两种图线的分界线。当虚线圆弧和虚线直线相切时，虚线圆弧的短画应画到切点，虚线直线需留有空隙。

⑦两条平行线之间的距离不应小于粗线线宽的两倍。

⑧当各种线型重合时，只画出其中一种线型，应按照粗实线、虚线、点画线的优先顺序选用线型并画出。

⑨图线不得与文字、数字或符号重叠和混淆，当不可避免时，应首先保证文字、数字或符号的清晰。

练习

长仿宋体中文字体练习。

横	平	竖	直	注	意	起	落	结	构	均	匀	填	满	方	格
技	术	制	图	机	械	电	子	汽	车	航	空	船	舶	土	木
建	筑	矿	山	井	坑	港	口	纺	织	服	装	螺	纹	齿	轮
端	子	接	线	飞	行	指	导	驾	驶	舱	位	挖	填	施	工
引	水	通	风	闸	阀	坝	棉	麻	化	纤	严	谨	与	规	范

第二章

尺规作图和尺寸标注

工欲善其事，必先利其器。正确且熟练使用绘图工具是保证绘图质量的重要手段。虽然目前大部分设计项目使用计算机绘制图样，但尺规作图依然是课程中需要掌握的重要基础技能。同时，尺规作图也是学习和巩固理论知识并运用至实践过程的重要训练，所以应熟练掌握多种绘图工具，培养严谨的作图习惯。

2.1　尺规作图的工具

由于早期绘图所需要的工具主要是圆规、丁字尺、三角板和直尺，所以人们常将仪器绘图称为尺规作图。

1. 图板

图板是固定图纸所用的矩形中空木板，板面要求平整光滑，一般图板的左侧是丁字尺的导向边，故要求图板保持平且直，每次使用都需注意保护完好，如图 2-1 所示。

2. 丁字尺

丁字尺由尺头和尺身组成，与图板配合使用。绘图时，尺头内侧紧贴图板左导边上下推动，沿与之相互垂直的尺身画出水平线，如图 2-1 所示。

3. 三角板

三角板分为 45°和 30°-60°两种，可配合丁字尺画出直线，以及 15°、30°、45°、60°、75°等倾斜角度的平行线。用两块三角板可画出已知直线的平行线和垂直线。在购买三角板时，须购买稍大一点的三角板，可根据作图要求，考虑三角板最长边的长度，如图 2-2 所示。

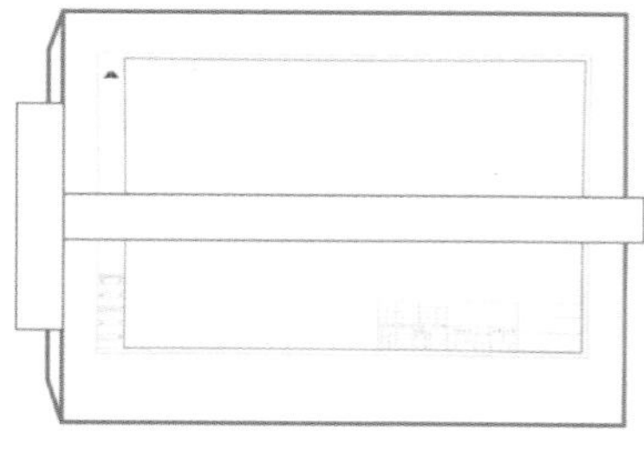

图 2-1　图板与丁字尺

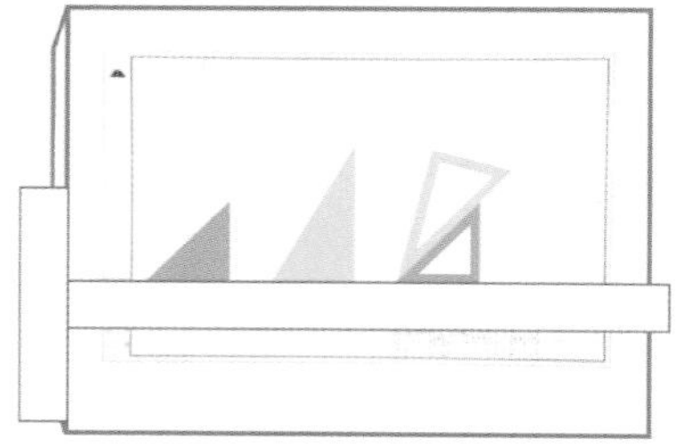

图 2-2　三角板

4. 铅笔(木质)

绘图时要求使用绘图铅笔，铅芯的软硬用 B 和 H 表示。B 前的数字越大则铅芯越软，H 前的数字越大则表示铅芯越硬，HB 则表示软硬适中。画粗实线时可使用 B 或 HB 铅笔；画虚线、细实线、细点画线和写字时使用 H 或 HB 铅笔，保证线宽均匀一致。此外，还可单独配备一支自动铅笔。

5. 圆规

圆规是用来绘制圆和圆弧的工具，如图 2-3 所示。圆规的一脚装有带台阶的小钢针，称为针脚，用来确定圆心。圆规的另一脚可装铅芯，称为笔脚，用来画图线。笔脚可替换成鸭嘴笔尖、延长杆和钢针。使用圆规前，应先调整针脚，使圆心脚从圆管端伸出的针尖略长于铅芯，尽可能使针脚和铅芯垂直于纸面，特别是画大圆或使用鸭嘴笔头画图时更是如此。绘图时，注意控制力度和纸张的厚度。

6. 分规

分规的结构与圆规相近，只是两脚都是钢针，主要用途是量取线段长度、等分已知线段或圆弧，使用分规前须将其两脚的针尖并拢后调整齐，如图 2-3 所示。

7. 曲线板

曲线板用于绘制非圆曲线，其轮廓线由多段不同曲率半径的曲线组成，如图 2-4 所示。作图时，先徒手用铅笔把曲线上多个点连接起来，然后选择曲线板上曲率合适的部分与连接的曲线贴合，并再次贴合曲线板将曲线描深。注意最后的曲线须准确且光滑，曲线与曲线之间应光滑过渡。

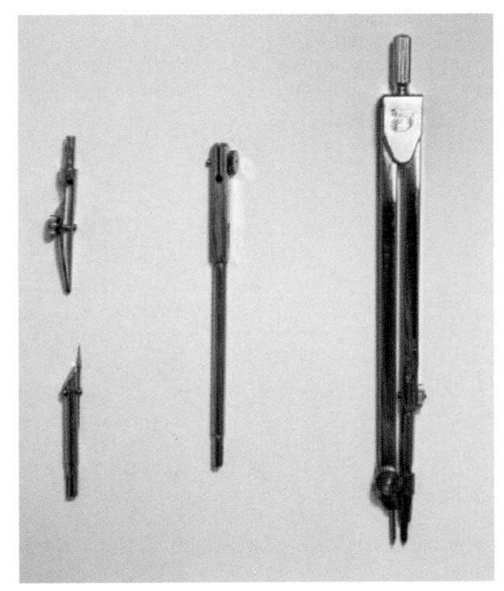

图 2-3 圆规和分规

图 2-4 曲线板

8. 比例尺

比例尺是刻有不同比例的直尺，用来按照一定比例量取长度的专用量尺，如图 2-5 所示。常用的比例尺形式为三棱柱体，上刻有六种不同比例尺，分别为 1：100、1：200、1：300、1：400、1：500、1：600。画图时可按照需求的比例，使用比例尺上标注的刻度直接量取而不需要换算。

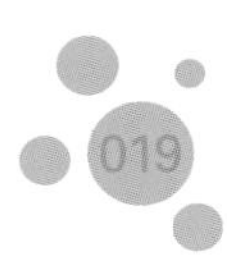

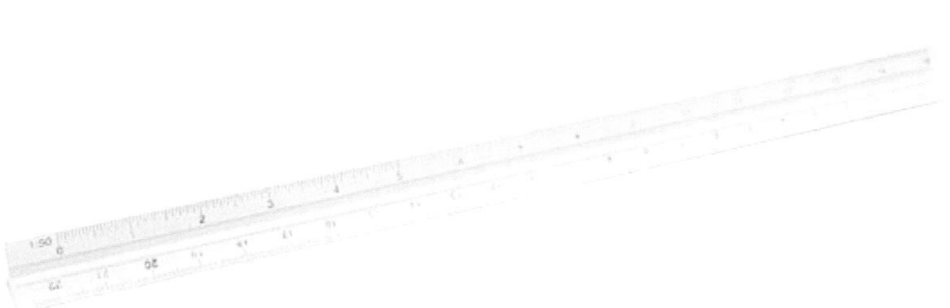

图 2-5　比例尺

2.2　尺规作图的方法与步骤

在学习制图的过程中，利用仪器和工具规范作图是重要的基础训练之一，不仅可以锻炼学生使用工具规范作图的能力，还能训练从严作图的习惯和保持严谨作图的态度。

2.2.1　圆内正多边形

用圆规画出一个完整的圆，再使用圆规、三角板和直尺，画出圆内正三边形、圆内正四边形、圆内正五边形、圆内正六边形等，绘制方法多种多样，然后加粗圆内正多边形轮廓，如图 2-6～图 2-10 所示。

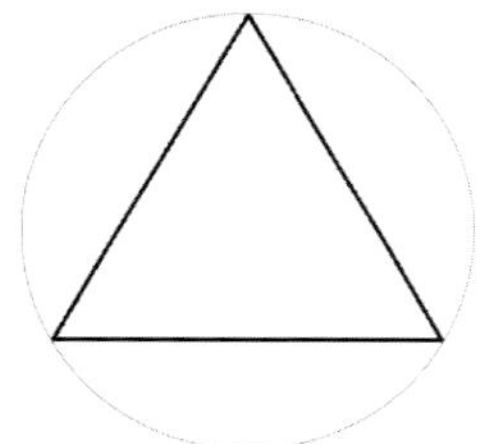

图 2-6　圆内正三边形

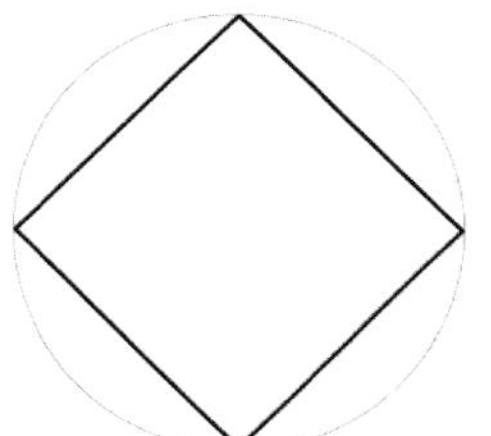

图 2-7　圆内正四边形

圆内正五边形作图步骤如下。

①取半径的中点 K；

②以 K 为圆心，KA 为半径画弧得点 C；

③AC 即为正五边形边长，等分圆周得五个顶点；

④将五个顶点连线，即得正五边形。

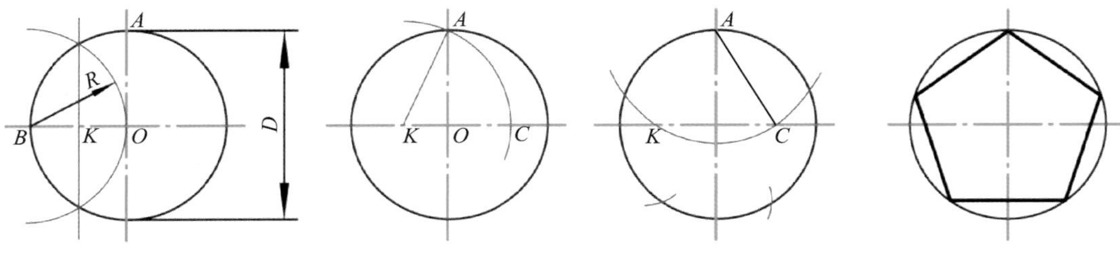

图 2-8 圆内正五边形画法

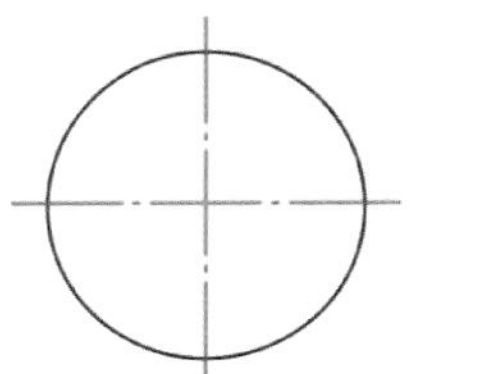
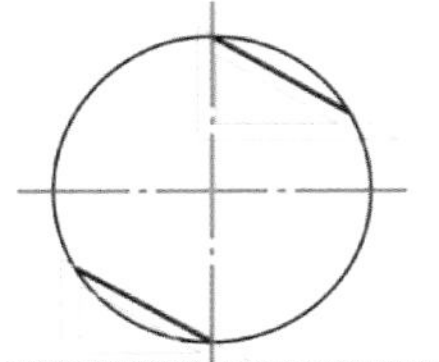
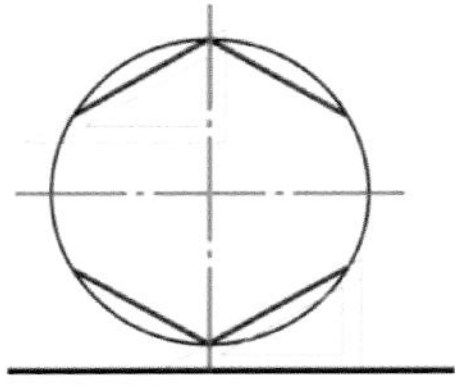
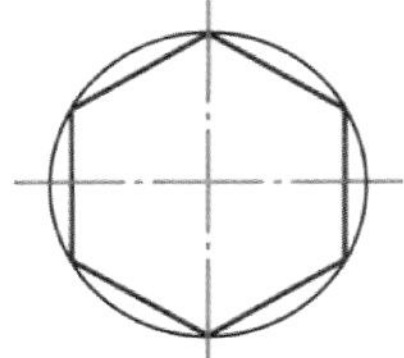

图 2-9 圆内正六边形画法 1

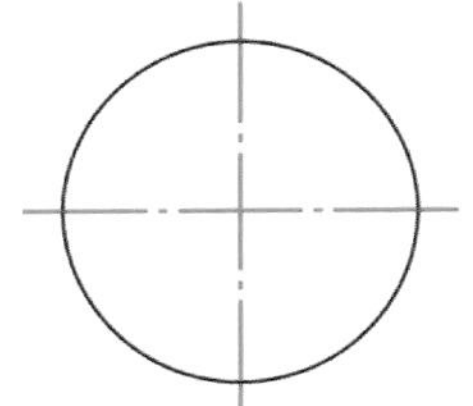
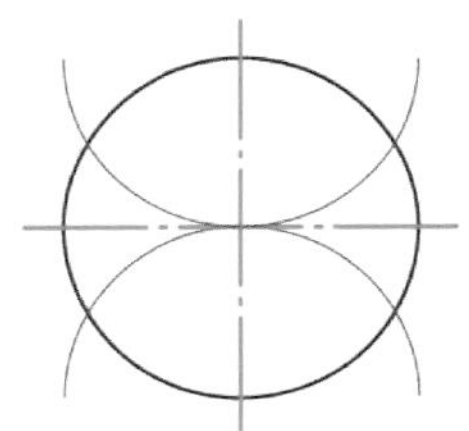
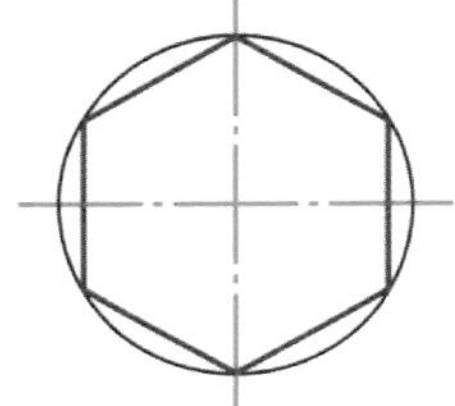

图 2-10 圆内正六边形画法 2

2.2.2 斜度与锥度

1. 斜度

斜度是指一条直线或一个平面对另一个平面的倾斜度。斜度的大小用倾斜角的正切值表示，比值是 1 : n 的形式，即斜度为$(H-h)/L$。标注斜度时，在数字前应加注斜度符号的指向，所指方向应与直线或平面倾斜的方向一致，如图 2-11 所示。

2. 锥度

锥度是指正圆锥底圆的直径长度与正圆锥的高度之比，或正圆锥台两底圆直径之差与圆锥台高度之比，锥度为$(D-d)/L$。锥度在图样上的标注形式为 1 : n，须加注锥度符号，符号尖端方向与锥顶方向一致，如图 2-12 所示。斜度和锥度标注示例如图 2-13 所示。

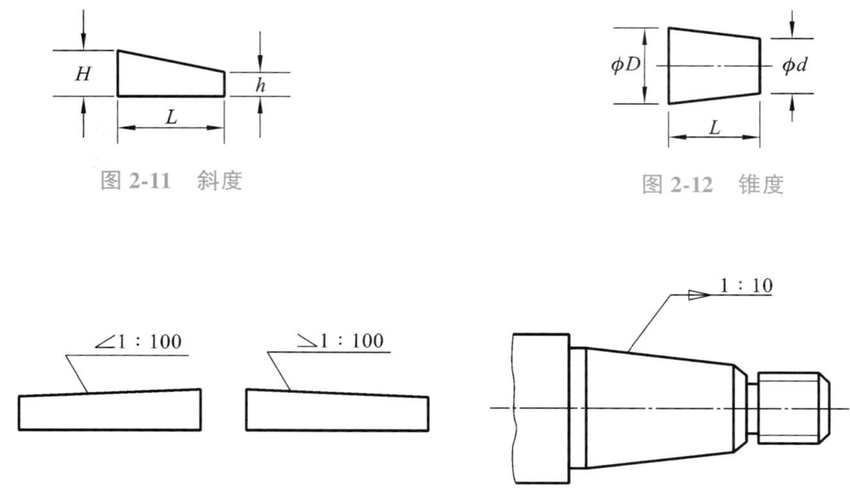

图 2-11　斜度

图 2-12　锥度

图 2-13　斜度和锥度标注示例

2.2.3　圆弧连接

用已知半径的圆弧光滑地连接两条已知的直线或圆弧的作图方法，称为圆弧连接。光滑连接就是两线段在连接处相切，绘图关键点是求出连接圆弧的圆心及连接圆弧与被连接图线的公切点。

1. 圆的运动轨迹

（1）当一个圆与直线 AB 相切时，圆心 O 的轨迹是直线 AB 的平行线，其距离等于圆的半径 R，过圆心作直线垂直 AB，其交点 K 是切点，如图 2-14 所示。

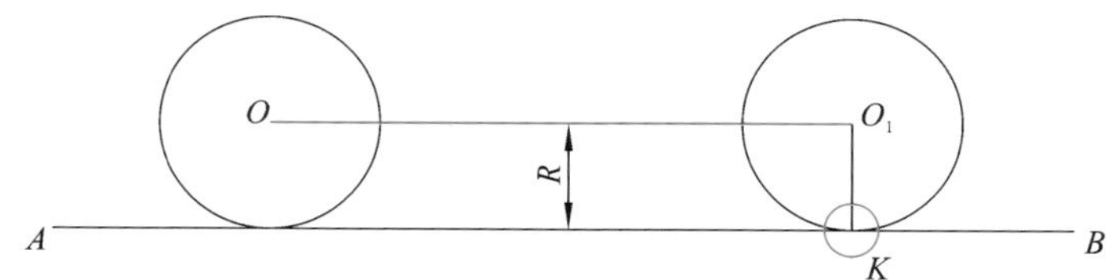

图 2-14　圆与直线相切

（2）当一个圆与圆弧 AB 相切时，圆心 O 的轨迹是弧 AB 的同心弧，而切点 K 是圆心 O 与圆弧 AB 的连心线与圆弧的交点，如图 2-15、图 2-16 所示。

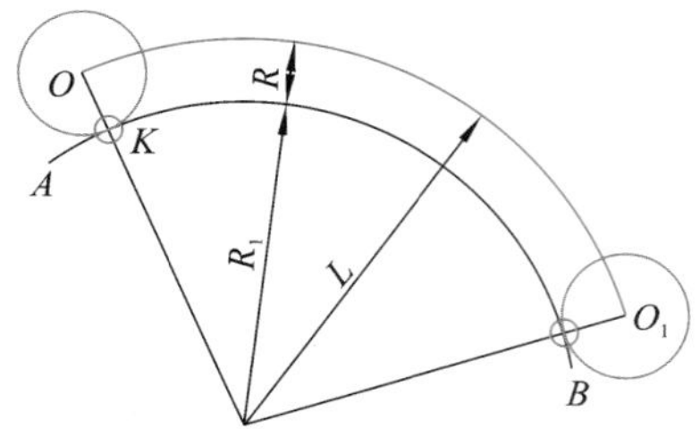

图 2-15　圆 O 与圆弧 AB 外切

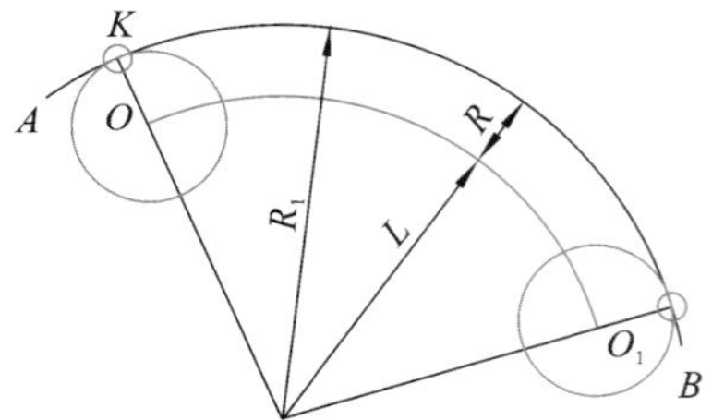

图 2-16　圆 O 与圆弧 AB 内切

2. 直线与直线的圆弧连接

已知直线 AC、BC 及连接圆弧的半径 R。直线与直线的圆弧连接作图步骤如下。

①作两辅助直线分别与 AC 及 BC 平行，并使两平行线之间的距离等于 R，两辅助直线的交点 O 就是所求连接圆弧的圆心；

②从点 O 向已知直线作垂线，得到两个点 M、N 就是圆弧与两直线的切点；

③以点 O 为圆心，OM 或 ON 为半径作弧，与 AC 及 BC 切于 M、N 两点，即完成连接，最终效果如图 2-17 所示。

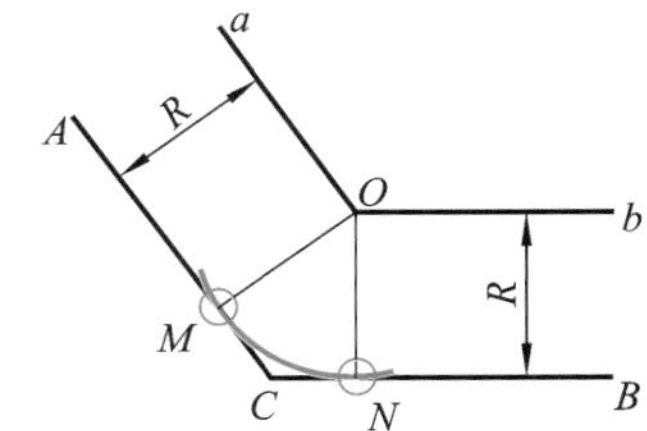

图 2-17　连接直线 AC 与直线 BC 的圆弧

3. 圆弧与圆弧的连接

（1）圆的切线。

过圆外一点，作圆的切线，然后加粗两条切线和外圆弧，也就是外轮廓线，绘图过程如图 2-18 所示，最终连接切线和圆，所得图形如图 2-19 所示。

圆的切线作图步骤如下。

①已知圆 O 和圆外一点 A；

②作点 A 与圆心 O 的连线；

③以 OA 的中点 O_1 为圆心，OO_1 为半径作弧，与已知圆相交于点 C_1、C_2；

④分别连接点 A、C_1 和点 A、C_2，AC_1 和 AC_2 即为所求切线。

（2）两圆外公切线。

作两圆的外公切线，然后加粗两条切线和外圆弧，也就是外轮廓线，绘制过程如图 2-20 所示，所得图形如图 2-21 所示。

两圆外公切线作图步骤如下。

①已知两圆圆心 O_1、O_2；

②以 O_2 为圆心，R_2-R_1 为半径作辅助圆；

③过 O_1 作辅助圆的切线；

④连接 O_2C 并延长，使与 O_2 圆交于 C_2，作 $O_2C_2 /\!/ O_1C_1$，找小圆切点，连接两个切点，连线 C_1C_2 即所求公切线。另一条公切线同理。

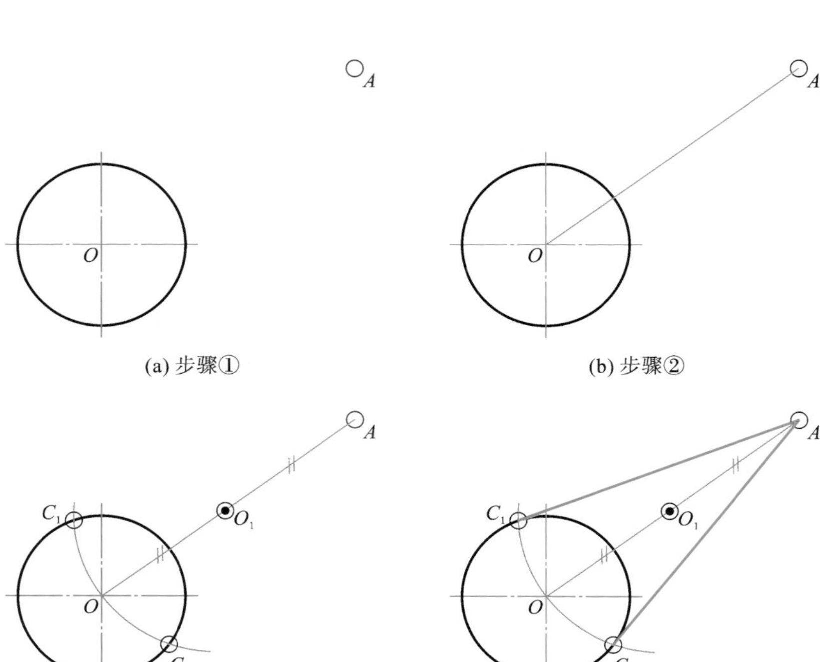

图 2-18　圆的切线绘制过程

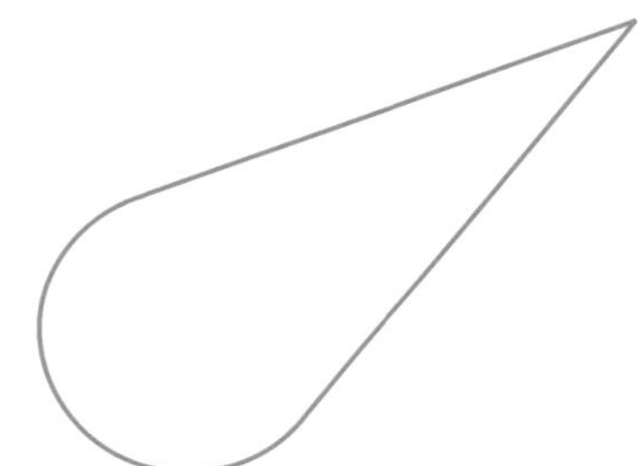

图 2-19　圆的切线最终效果

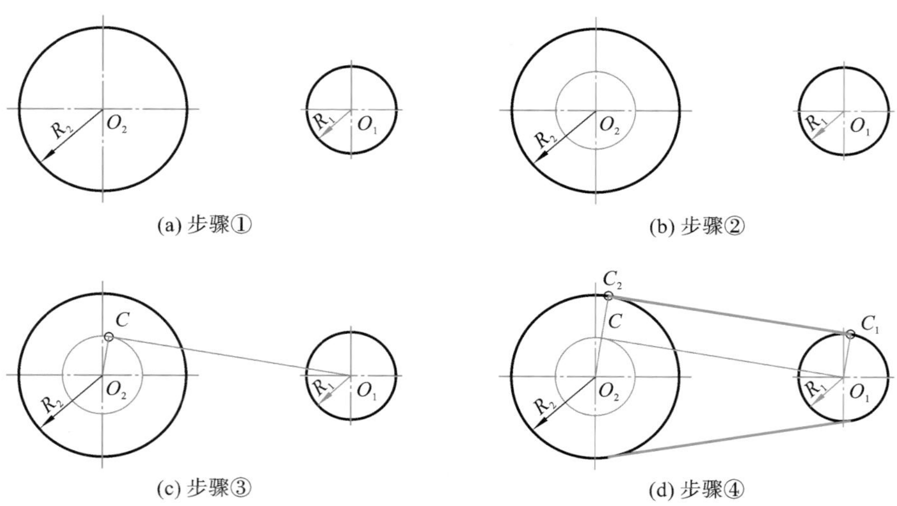

图 2-20　两圆外公切线绘制过程

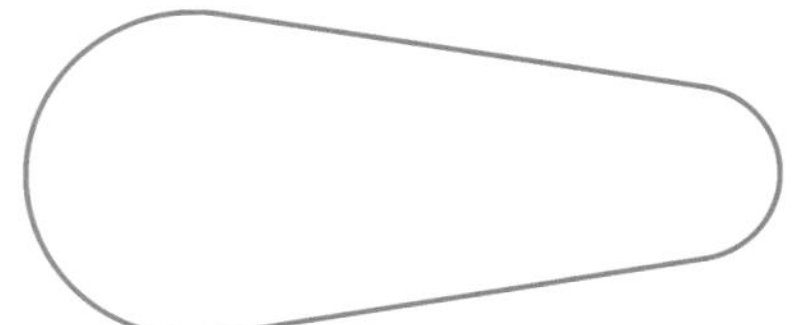

图 2-21 两圆外公切线最终效果

(3)两圆内公切线。

作两圆内公切线，然后加粗两条切线和外圆弧，也就是外轮廓线，绘制过程如图 2-22 所示，所得图形如图 2-23 所示。

两圆内公切线作图步骤如下。

①已知两圆圆心 O_1、O_2；

②以 O_1O_2 为直径作辅助圆，以 O_2 为圆心，R_2+R_1 为半径作弧，与辅助圆相交于点 K；

③连 O_2K 与圆 O_2 相交于 C_2；

④作 $O_1C_1 // O_2C_2$，连线 C_1C_2 即所求公切线。

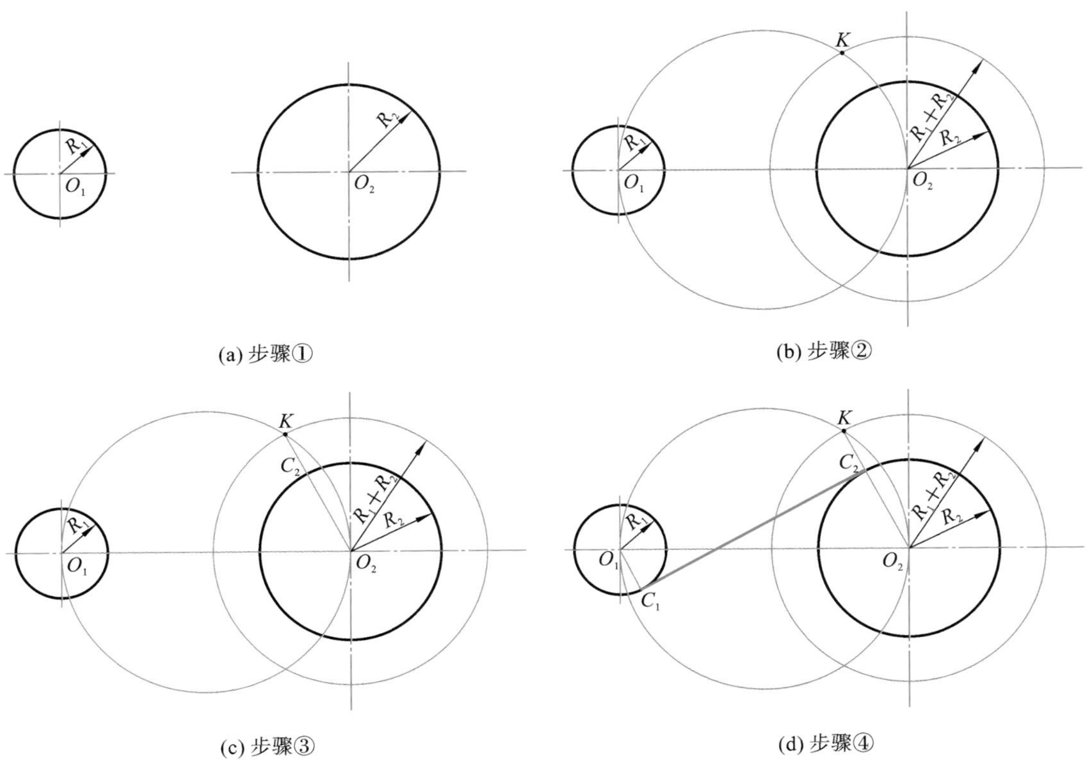

图 2-22 两圆内公切线绘制过程

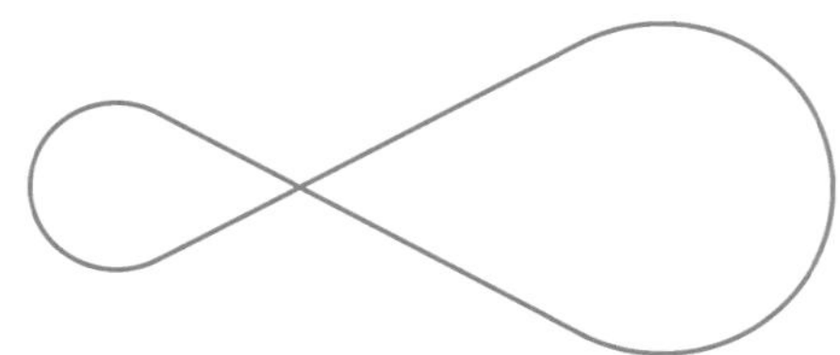

图 2-23　两圆内公切线最终效果

（4）两圆内切外切圆弧。

绘制过程如图 2-24 所示，所得图形如图 2-25 所示。

两圆内切外切圆弧作图步骤如下。

①已知两圆圆心 O_1、O_2，半径为 $R_1=30$ mm，$R_2=15$ mm，两圆之间的间距为 25 mm，已知圆内的半径为 105 mm，圆外的半径为 20 mm；

②以 $R_1+R_{外}$ 为半径画圆，以 $R_2+R_{外}$ 为半径画圆；两圆产生的交点为 X，连接 O_1X、O_2X，交于点 M_1、M_2，以 X 为圆心，XM_1 为半径画圆；

③以 $R_{内}-R_1$ 为半径画圆，以 $R_{内}-R_2$ 为半径画圆，两圆产生的交点为 Y；

④连接 O_1Y、O_2Y，交于点 N_1、N_2，以 Y 为圆心，YN_1 为半径画圆。

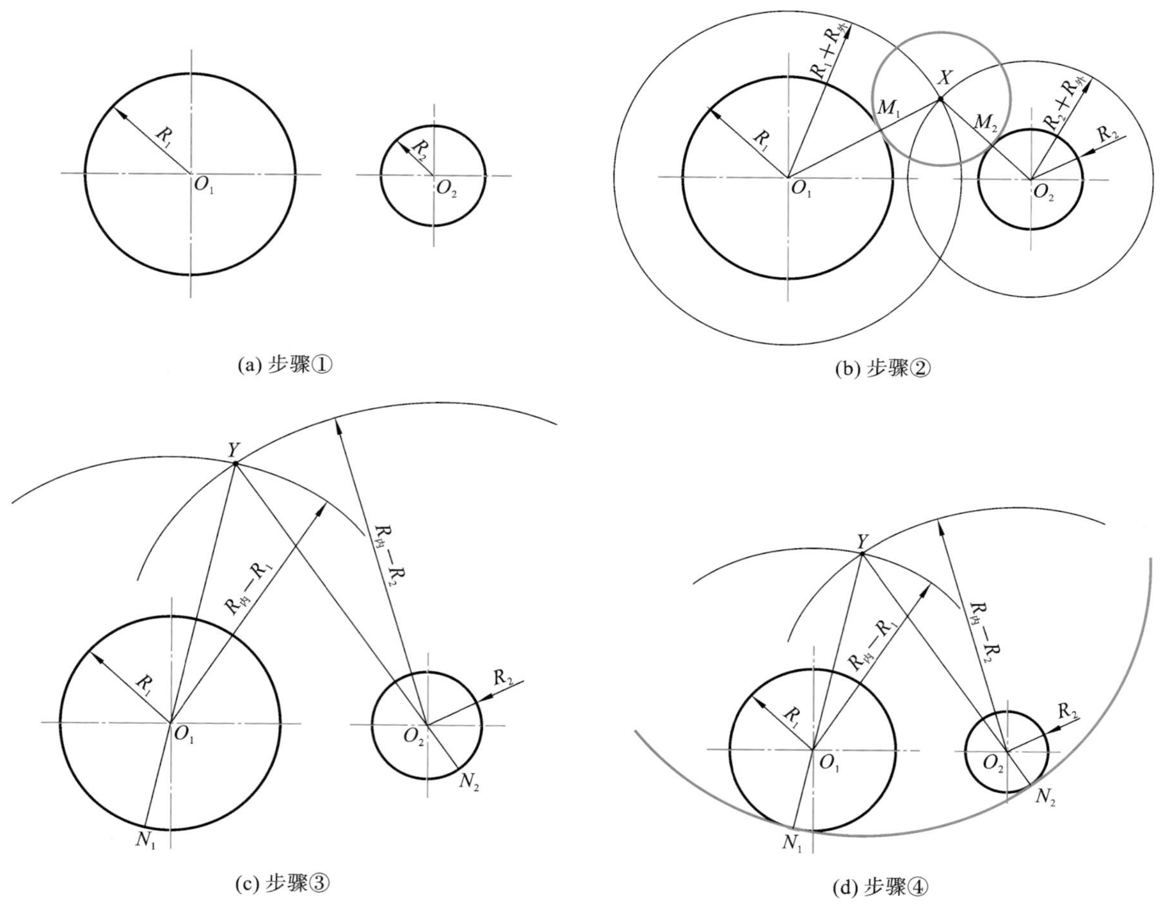

(a) 步骤①　(b) 步骤②　(c) 步骤③　(d) 步骤④

图 2-24　两圆内切外切圆弧绘制过程

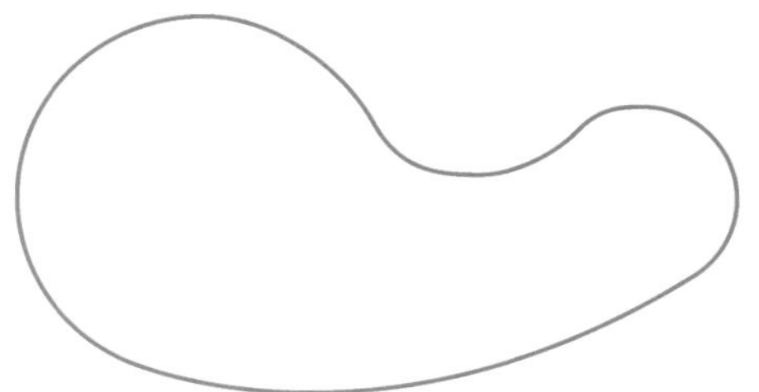

图 2-25 两圆内切外切圆弧最终效果

2.3 尺寸标注

在图样中，图形用于表达产品（零件）的结构形状，而产品（零件）的尺寸则需要用规范的标注形式来确定。国家标准《机械制图 尺寸注法》（GB/T 4458.4—2003）对此就进行了规定。

根据国家标准的规定，需要了解的尺寸标注的基本原则如下。

（1）物体的真实大小应以图样上所注的尺寸数值为依据，与图形的大小及绘图的准确度无关。

（2）图样中（包括技术要求和其他说明）的尺寸，以毫米为单位时，无须标注单位符号（或名称），如采用其他单位，则应注明相应的单位符号。

（3）图样中所标注的尺寸为该图样所示机件的最后完工尺寸，否则应另加说明。

（4）机件的每一尺寸，一般只标注一次，并应标注在反映该结构最清晰的图形上。

尺寸标注要求正确、完整和清晰。正确，即尺寸要按照相关标准的规定标注，尺寸数值不能写错和出现矛盾；完整，即尺寸要注写齐全，不遗漏各组成部分的各项尺寸，一般情况下，不重复标注尺寸；清晰，即尺寸要标注在反映形体特征最明显的视图上，标注要清楚，标注的布局要整齐。

2.3.1 尺寸的组成

一个完整的尺寸由尺寸界线、尺寸线、尺寸线终端和尺寸数字组成。

1. 尺寸界线

尺寸界线用细实线绘制，并应由图形的轮廓线、轴线或对称中心线引出，如图 2-26 所示。也可利用轮廓线、轴线或对称中心线作为尺寸界线。尺寸界线用来限定尺寸度量的范围。

当表示曲线轮廓上点的坐标时，可将尺寸线或其延长线作为尺寸界线，如图 2-27 和图 2-28 所示。

尺寸界线一般应与尺寸线垂直，必要时才允许倾斜。在光滑过渡处标注尺寸时，应用细实线将轮廓线延长，并从它们的交点引出尺寸界线，如图 2-29 所示。

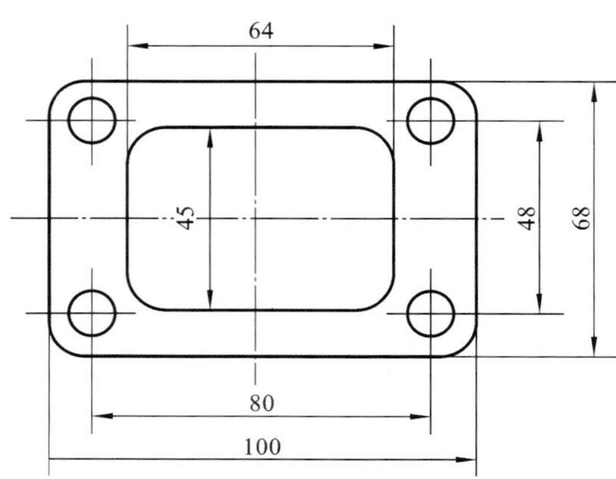

图 2-26　尺寸界线画法

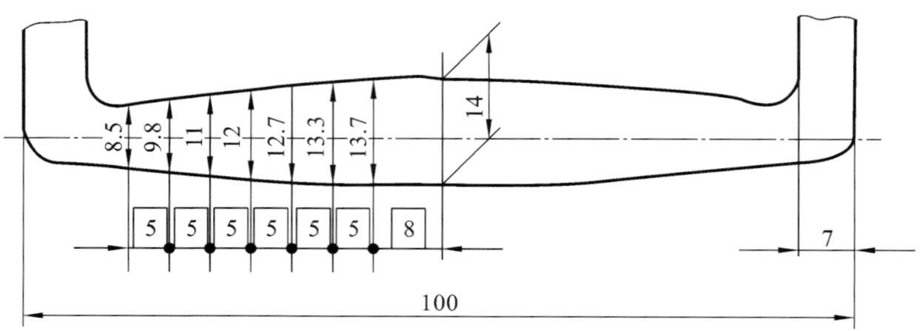

图 2-27　曲线轮廓的尺寸标注 1

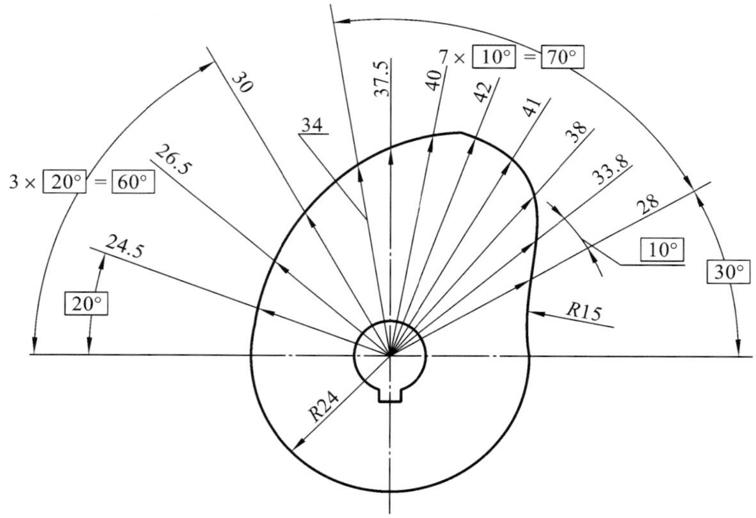

图 2-28　曲线轮廓的尺寸标注 2

标注角度的尺寸界线应沿径向引出，尺寸线应画成圆弧，其圆心是该角的顶点。标注弦长的尺寸界线应平行于该弦的垂直平分线。标注弧长的尺寸界线，应平行于该弧所对圆心角的角平分线，如图 2-30 所示，但当弧度较大时，可沿径向引出，如图 2-31 所示。

角度数字不可以被任何图线通过，无法避免时应将该图线断开注写，如图 2-45 所示。角度的起止符用箭头表示，没有足够的位置绘制箭头时，可用圆点代替，如图 2-46 所示。

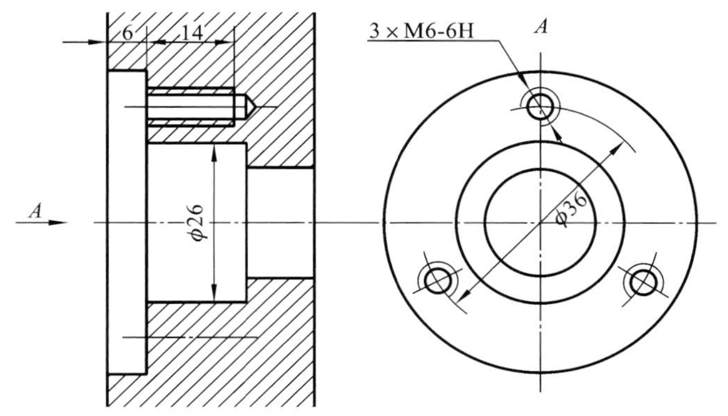

图 2-45 角度数字不被任何图线通过的注法

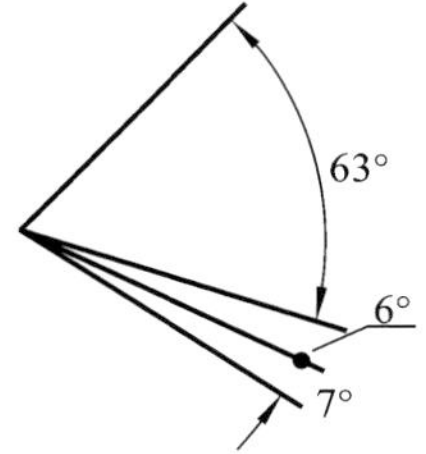

图 2-46 角度的起止符采用圆点代替

注意：

（1）标注直径时，应在尺寸数字前加注符号“ϕ”；标注半径时，应在尺寸数字前加注符号“R”，尺寸线应通过圆心，尺寸线的终端应画成箭头。

直径和半径的标注界限以圆弧的大小为准，超过一半的圆弧必须标注直径；小于一半的圆弧只能标注半径。当尺寸线的一端无法画出箭头时，尺寸线要超过圆心一段。半径尺寸应自圆心引向圆弧，注意尺寸起止终端的箭头必须指向圆弧。

（2）弧长的尺寸标注，尺寸线为同心圆弧、尺寸界线垂直于该圆弧的弦，并在尺寸数字左方加注符号“⌒”。弦长的尺寸标注，尺寸线为平行于该弦的直线，尺寸界线垂直于该弦，如图 2-47 所示。

（3）标注球面的直径或半径时，应在符号“ϕ”或“R”前再加注符号“S”，如图 2-48 所示。

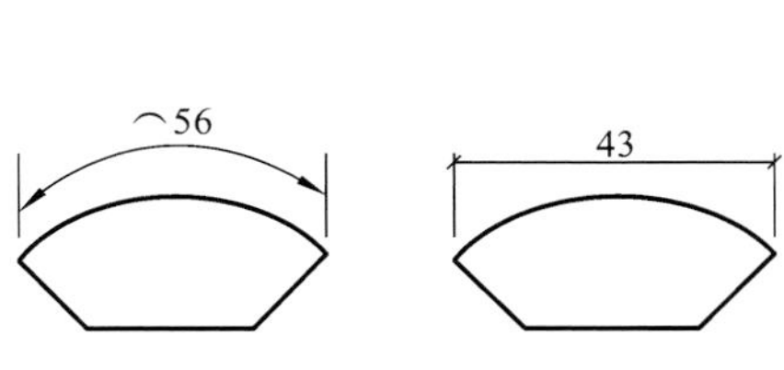

图 2-47 弧长的尺寸标注

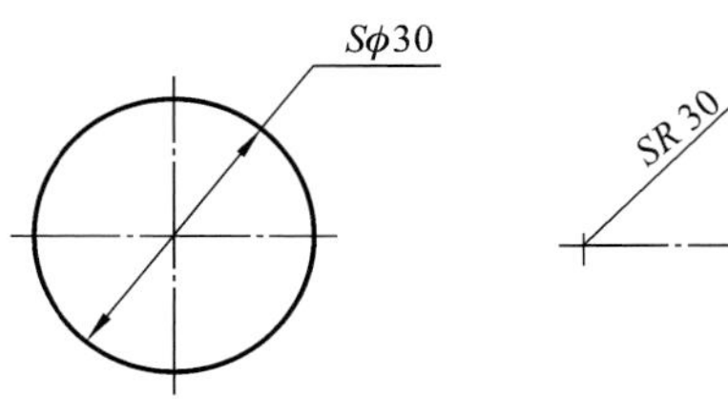

图 2-48 球面尺寸的注法

2.3.3 标注尺寸的符号及缩写词

标注尺寸的符号及缩写词应符合表 2-1 的规定。其中，表 2-1 中符号的线宽为 $h/10$（h 为字体高度）。符号的比例画法见《技术产品文件 字体 拉丁字母、数字和符号的 CAD 字体》（GB/ T 18594—2001）中的有关规定。

表 2-1 标注尺寸的符号及缩写词

序号	含义	符号或缩写词
1	直径	ϕ
2	半径	R
3	球直径	$S\phi$
4	球半径	SR
5	厚度	t
6	均布	EQS
7	45°倒角	C
8	正方形	□
9	深度	↧
10	沉孔或锪平	⌴
11	埋头孔	⌵
12	弧长	⌒
13	斜度	∠
14	锥度	◁
15	展开长	○→
16	型材截面形状	按《技术制图 棒料、型材及其断面的简化表示法》(GB/T 4656—2008)的要求确定

练习

对以下图样进行尺寸标注。

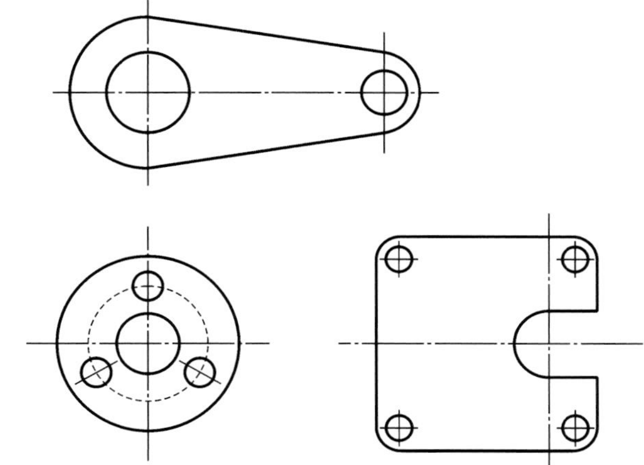

Chanpin Sheji Zhitu Jichu

第三章

投影与视图

思考：

观察图 3-1，图片中不同黑色的部分是什么？

图 3-1 投影与影子

众所周知，当物体处在太阳光或其他光线照射下时，会在某个面产生阴影，一般称其为影子，这就是投影现象。然而，物体的阴影只反映物体的轮廓，不反映物体的真实形状和大小，即不能反映其物体内部或被遮挡部分的真实形状和结构关系。那么在制图中，应该怎样理解投影显得尤为关键。

3.1 投影法简介

投影法是根据投影现象，经过科学的抽象，将物体表示在平面上的方法。投影法是在平面上表达空间物体的基本方法，是绘制图样的基础。

有关投影法的术语和内容可查阅《技术产品文件 词汇 投影法术语》（GB/T 16948—1997）和《技术制图 投影法》（GB/T 14692—2008）。投影的形成过程如图 3-2 所示。

投影要素术语如下。

投射中心——所有投射线的起源点。

投影（投影图）——根据投影法所得到的图形。

投射线——发自投射中心且通过被表示物体上各点的直线。

投影面——投影法中，得到投影的面。

在多面正投影中，相互垂直的三个投影面，分别用 V、H 和 W 表示。投影轴指投影法中相互垂直的投影面之间的交线，在多面正投影中，相互垂直的三根投影轴分别用 OX、OY 和 OZ 表示，如图 3-3 所示。

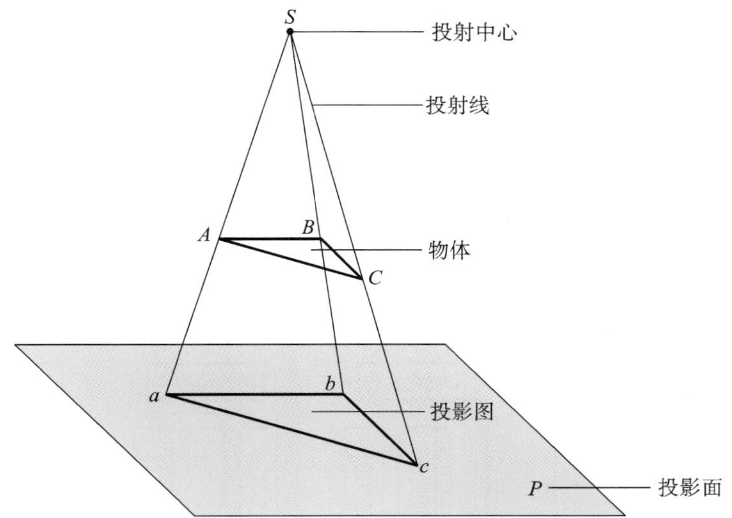

图 3-2 投影的形成过程

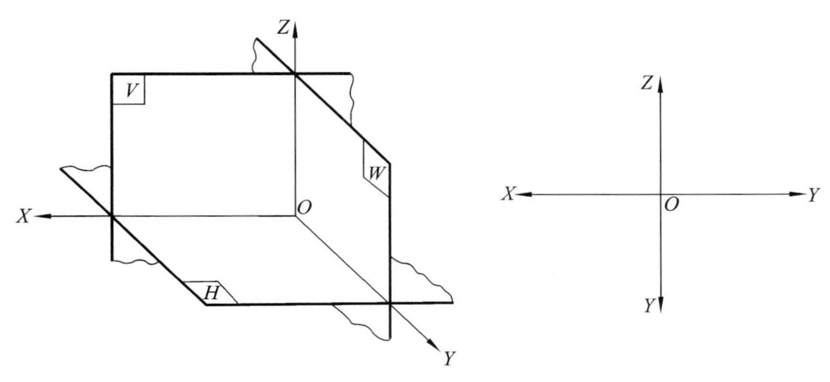

图 3-3 投影面和投影轴

3.2 投影法分类

投影法根据投射线的类型(汇交或平行)分为中心投影法和平行投影法两类。投影面与投射线的相对位置可能垂直或倾斜;物体的主要轮廓与投影面的相对关系有平行、垂直或倾斜。投影法分类如图 3-4 所示。

一般制图中常用中心投影法和平行投影法,其中平行投影法还分为正投影法和斜投影法。

3.2.1 中心投影法

投射线汇交一点的投影法称为中心投影法,投射中心位于有限远处,如图 3-5 所示。如图 3-6 所

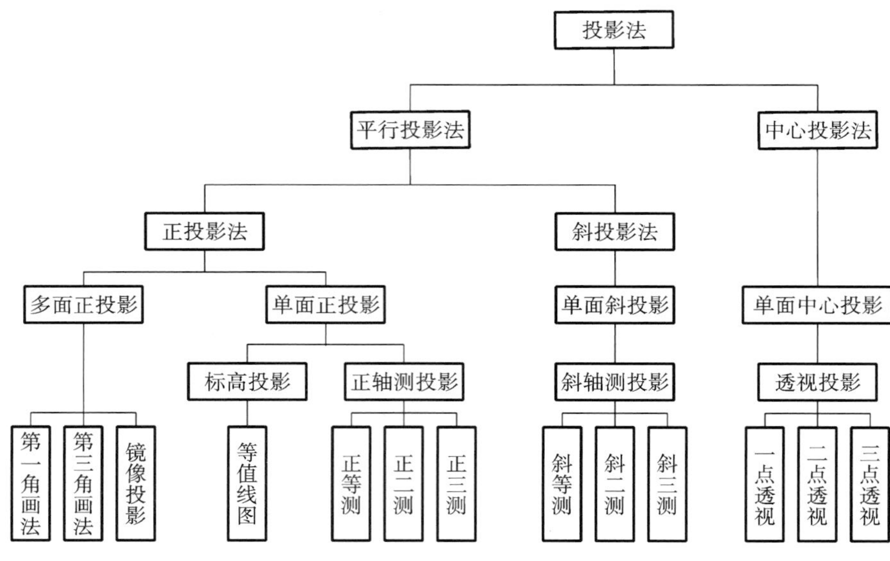

图 3-4　投影法分类

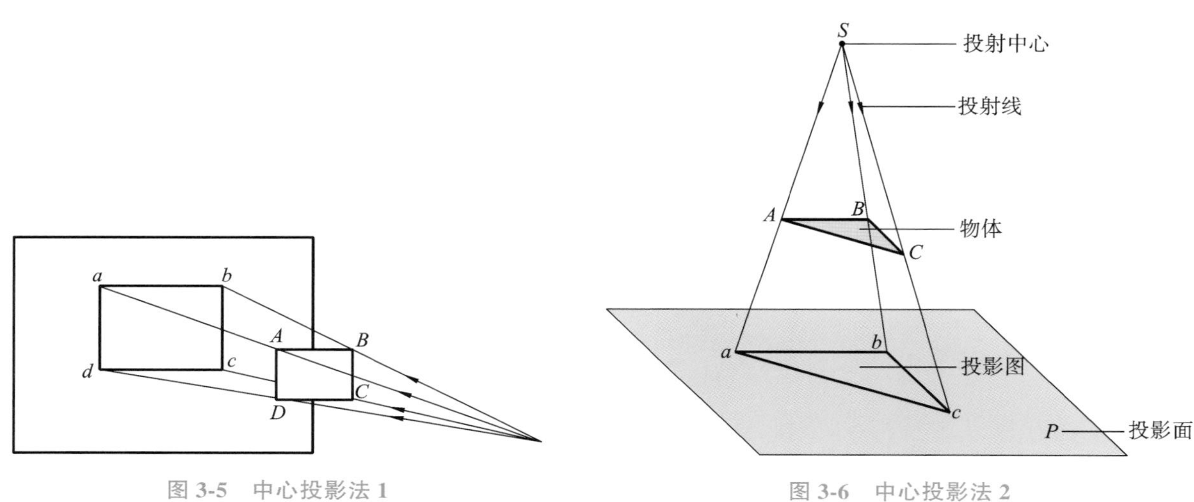

图 3-5　中心投影法 1

图 3-6　中心投影法 2

示，投射线自投射中心 S 出发，将空间 $\triangle ABC$ 投射到投影面 P 上，所得 $\triangle abc$ 即为 $\triangle ABC$ 的投影。中心投影法得到的投影图形大小和物体的位置有关，特别是投射中心与物体之间的距离、物体和投影面之间的距离，所以投影图一般不反映物体真实的尺寸，度量性较差。中心投影法与人眼看到的影像较为相似，具有比较强的直观感受，整体立体感较强，多用于绘制建筑物和工业产品的立体图，不适于绘制工程图样。

3.2.2　平行投影法

投射线相互平行的投影法（投射中心位于无限远处）称为平行投影法，如图 3-7 所示。

平行投影法以投射线是否垂直于投影面分为正投影法和斜投影法。在平行投影法中，当平行移动物体时，它投影的形状和大小都不会改变。

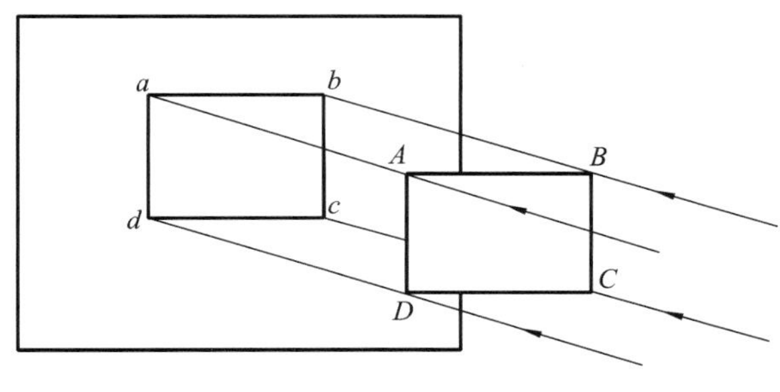

图 3-7　平行投影法

（1）正投影法：投射线与投影面相互垂直的平行投影法。正投影图是根据正投影法所得到的图形，故也称为正投影，如图 3-8 所示。

（2）斜投影法：投射线与投影面相倾斜的平行投影法。斜投影图是根据斜投影法所得到的图形，故也称为斜投影，如图 3-9 所示。

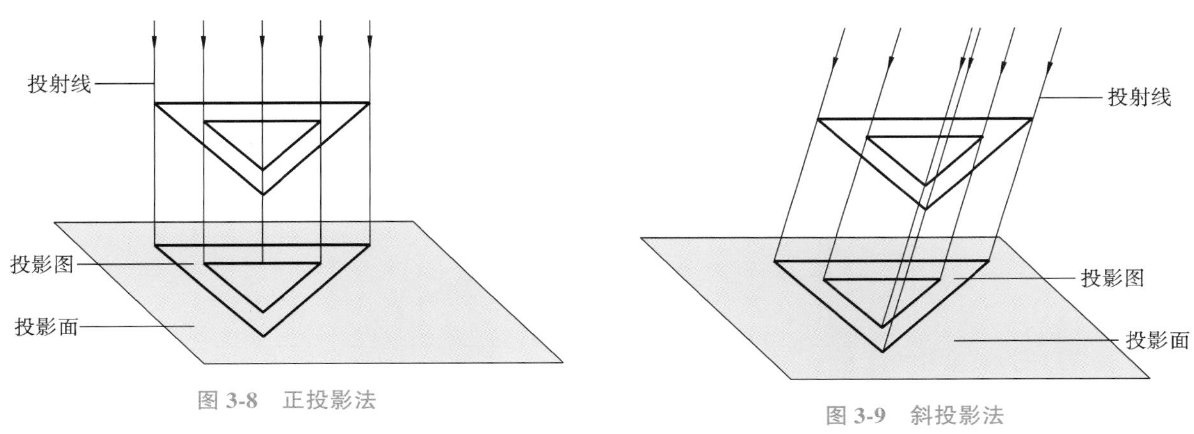

图 3-8　正投影法

图 3-9　斜投影法

正投影法能在投影面上较为真实准确反映物体的形状和大小，作图较为简便，度量性好，工程图样常采用正投影法。本书后文将“正投影”简称“投影”。

3.3　正投影的基本特征

正投影具有三个基本特征：真实性、积聚性和类似性。

3.3.1　真实性

真实性指当平面图形（或直线）与投影面平行时，其投影反映实际形状（或实际长度）的投影性质，如图 3-10 所示。

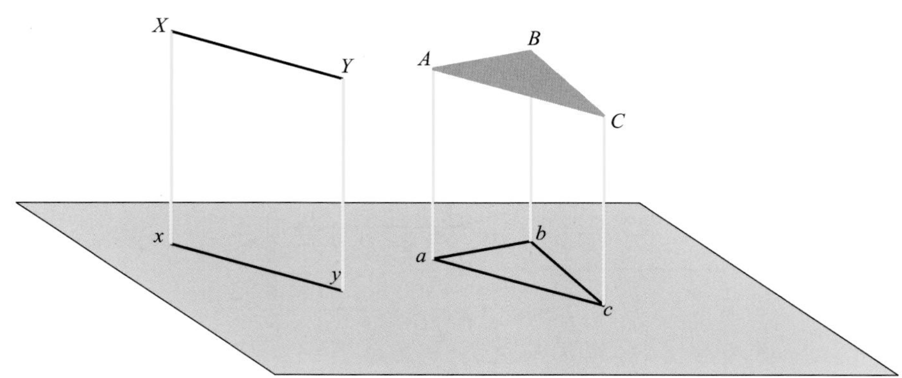

图 3-10　正投影的基本特征——真实性

3.3.2　积聚性

积聚性指当平面图形（或直线）与投影面垂直时，其投影积聚成一条直线（或一个点）的投影性质，如图 3-11 所示。

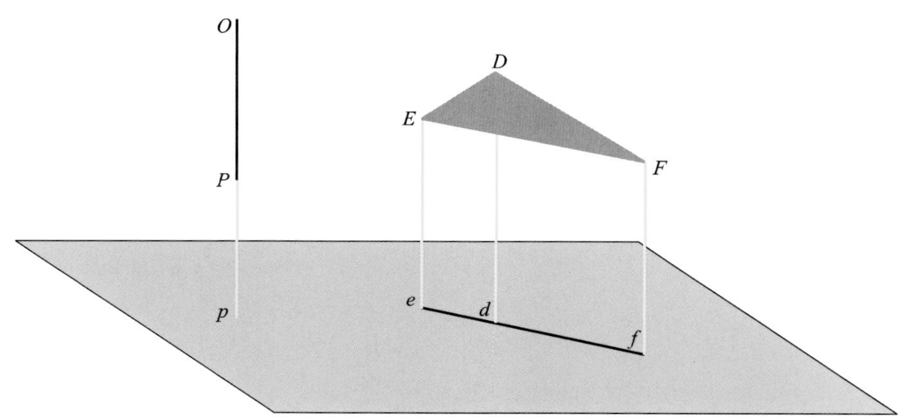

图 3-11　正投影的基本特征——积聚性

3.3.3　类似性

类似性指当平面图形（或直线）与投影面倾斜时，其投影为原形的相似形的投影性质。此时，投影会变小或变短，但是投影的形状与实际表达物体的形状仍然相似，即直线的投影仍为直线，平面的投影仍为平面，多边形的投影仍为相同边数的多边形等，如图 3-12 所示。

提问：

基于正投影的特征，一条直线或一个平面图形在一个投影面上得到的投影图是否准确，为什么？

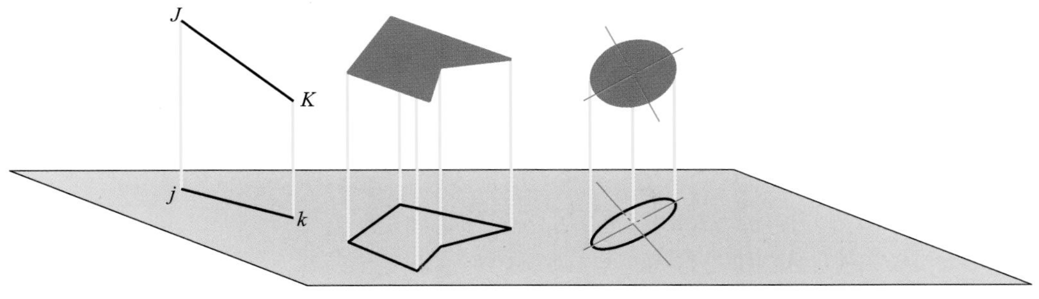

图 3-12　正投影的基本特征——类似性

3.4　视　　图

思考：

请看图 3-13，仅用两个投影面，可以完全表达物体真实的形状和大小吗？

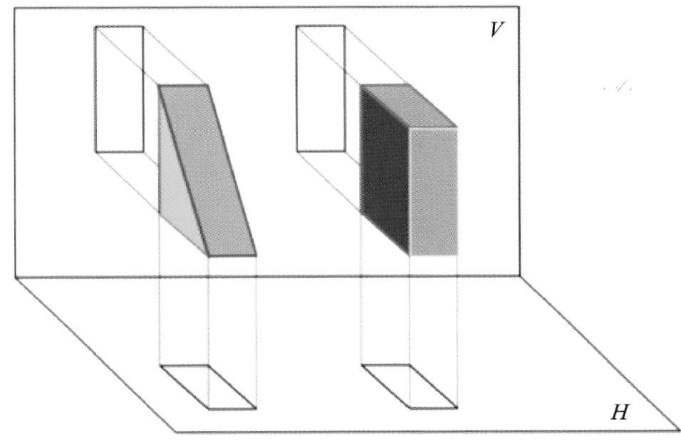

图 3-13　两个投影面

不同工业产品有不同的形态特征，仅凭一个面的投影，不能准确反映出该物体的形状、大小及位置关系。一般一个方向的投影无法准确地表达形体，通常须将形体向几个方向分别进行投影，才能完整清晰地表达出形体的形状和结构，如图 3-14 所示。

3.4.1　分角

用水平和铅垂的两投影面将空间分成四个区域，并按下面顺序编号，如图 3-15 所示。

设立互相垂直的正立投影面（*V* 面）和水平投影面（*H* 面），组成两投影面体系，如图 3-16 所示。相互垂直的投影面的交线称为投影轴，*V* 面和 *H* 面相交于投影轴 *OX*，将空间划分为四个分角：第一分角、第二分角、第三分角和第四分角。本书着重讲解第一分角中的物体投影。

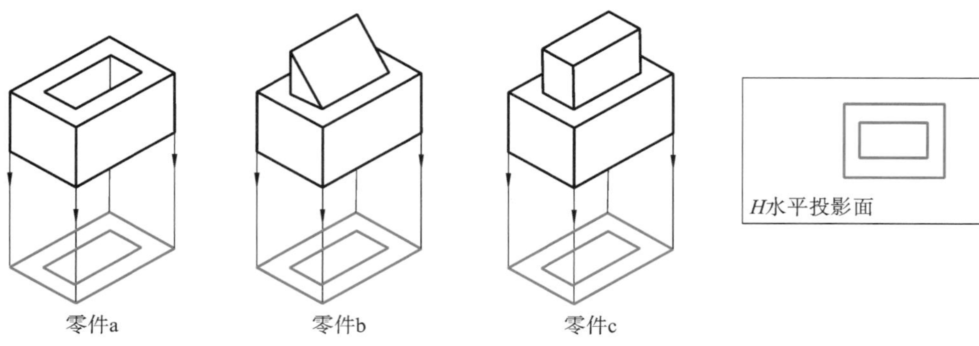

图 3-14 一个方向的投影表达形体的不准确性

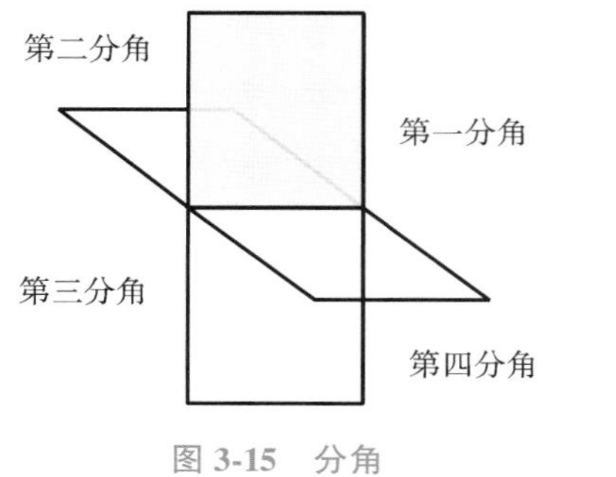

图 3-15 分角

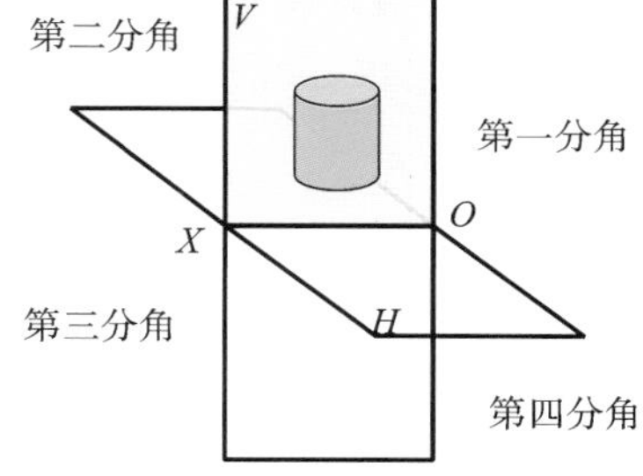

图 3-16 物体在第一分角投影

3.4.2 三投影面体系

正投影可表示一个物体的六个基本投影方向，如图 3-17 所示。相应地，六个基本的投影平面分别垂直于六个基本投影方向。物体在基本投影面上的投影称为基本视图。

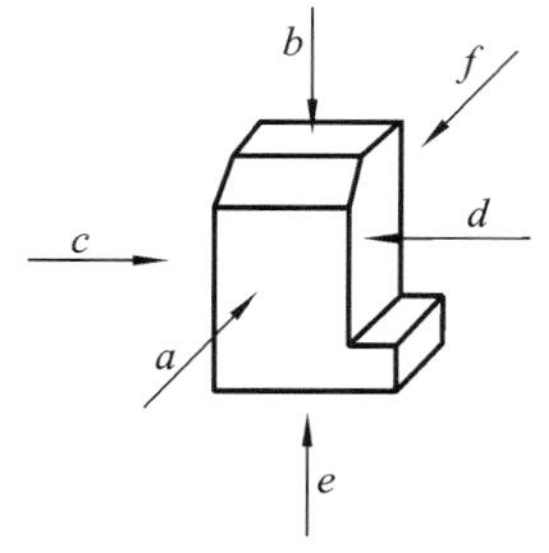

投影方向		视图名称
方向代号	方向	
a	自前方投射	主视图或正立面图
b	自上方投射	俯视图或平面图
c	自左方投射	左视图或左侧立面图
d	自右方投射	右视图或右侧立面图
e	自下方投射	仰视图或底面图
f	自后方投射	后视图或背立面图

图 3-17 基本视图的投影方向

从前方投射的视图应尽量反映物体的主要特征，该视图称为主视图或正立面图。可根据实际情况选用其他视图，在完整、清晰地表达物体特征的前提下，使视图数量最少、制图简便为宜。在视图中，应用粗实线画出物体的可见轮廓。必要时，还可用细虚线画出物体的不可见轮廓。本书均采用第一角画法布置六个基本视图。

第一角画法是将物体置于第一分角内，并使其处于观察者与投影面之间而得到正投影的方法，如图 3-18～图 3-20 所示。

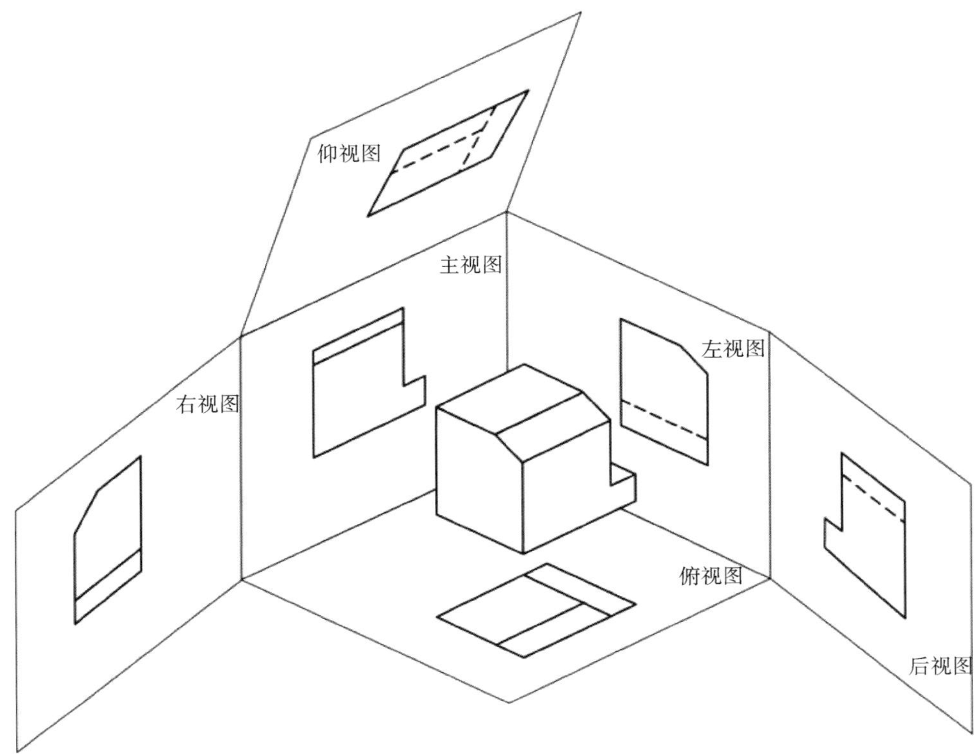

图 3-18　六个基本视图的形成（第一角画法）

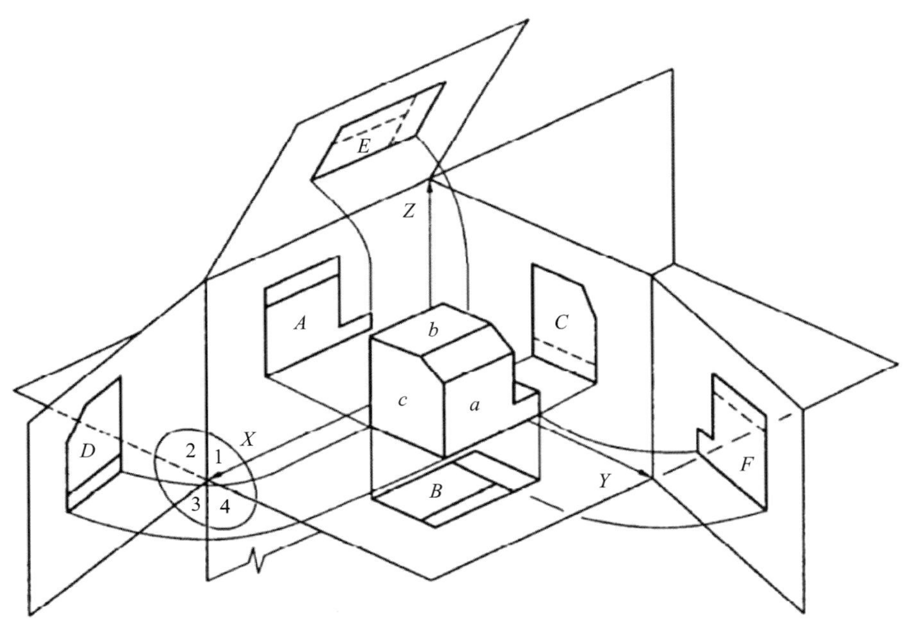

图 3-19　基本投影面的展开（第一角画法）

仅用两个投影面是无法完全表达物体真实的形状、大小和位置关系的，须增加由不同投影方向得到的多个投影图，如此才能得到清晰的图样表达。

产品设计制图中，为了能够准确地反映物体的长、宽、高的形状及位置，通常用三投影面体系来表达其形状与大小。一般选取互相垂直的三个投影面，如图 3-21 所示。

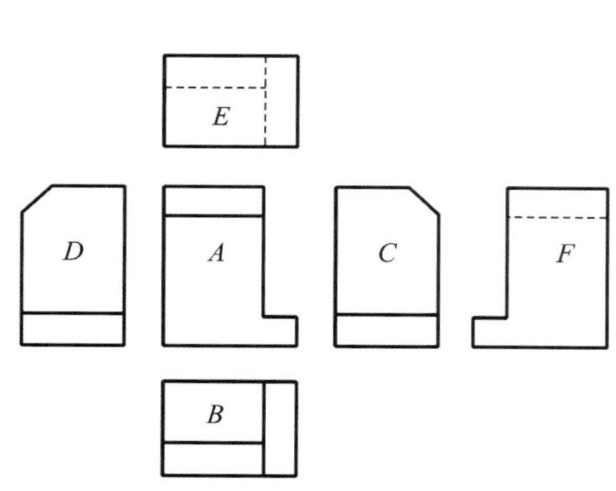

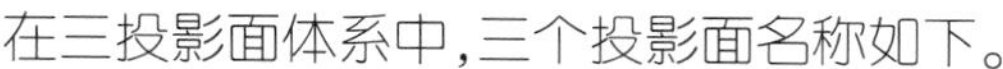
图 3-20　基本视图的配置(第一角画法)

图 3-21　三投影面体系

在三投影面体系中，三个投影面名称如下。

(1)正立投影面：简称为正面，用 *V* 表示。

(2)水平投影面：简称为水平面，用 *H* 表示。

(3)侧立投影面：简称为侧面，用 *W* 表示。

三个投影面的相互交线，称为投影轴。

(1)*OX* 轴：*V* 面和 *H* 面的交线，代表长度方向。

(2)*OY* 轴：*H* 面和 *W* 面的交线，代表宽度方向。

(3)*OZ* 轴：*V* 面和 *W* 面的交线，代表高度方向。

三个投影轴垂直相交的交点 *O*，称为原点。

3.4.3　三视图

根据规定绘制的多面正投影图称为视图。在三投影面体系中，物体的三面投影视图是国家标准规定的基本视图中的三个，如图 3-22 所示，规定的名称如下。

主视图：自前方投射，在正面上所得到的视图，*V* 面。

俯视图：自上方投射，在水平面上所得到的视图，*H* 面。

左视图：自左方投射，在侧面上所得到的视图，*W* 面。

在三面投影视图中，应用粗实线画出物体的可见轮廓线，必要时，还须用细虚线画出物体的不可见轮廓。

为了更好地识图与绘图，根据《技术制图 投影法》(GB/T 14692—2008)，将三投影面按照规定展开。如图 3-23 所示，规定 *V* 面保持不动，将 *H* 面绕 *OX* 轴向下旋转 90°，*W* 面绕 *OZ* 轴向右旋转 90°，使它们和 *V* 面在同一平面上，就得到如图 3-24 所示的在同一平面上的三个视图。

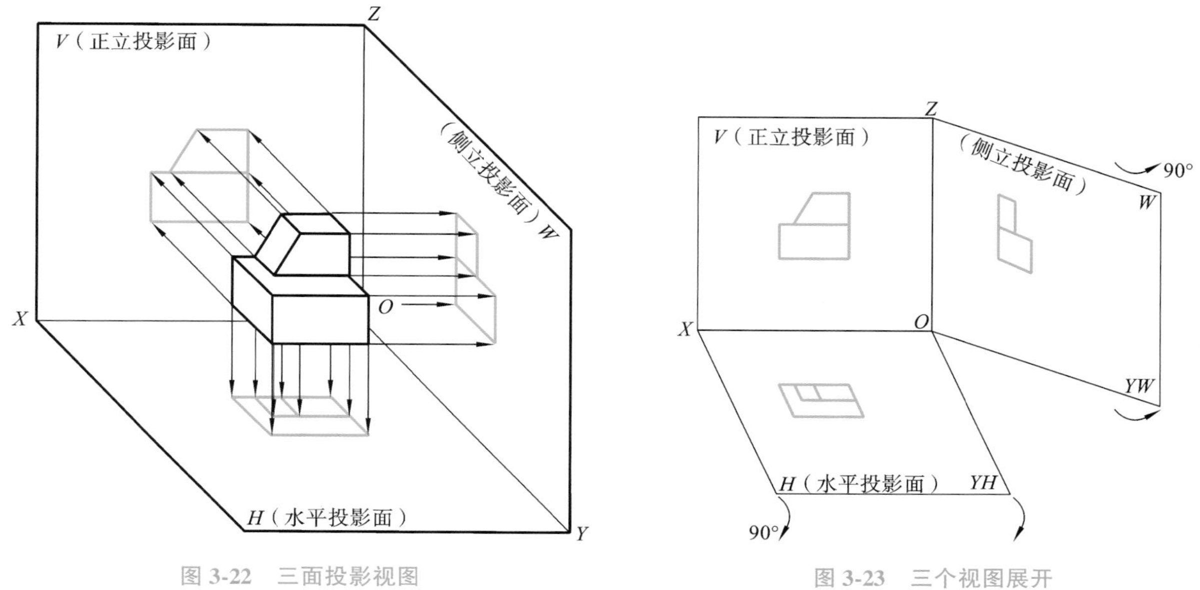

图 3-22　三面投影视图　　　图 3-23　三个视图展开

展开后的三个投影图，它们的位置关系是主视图在左上方，俯视图在主视图下方，左视图在主视图的正右方，这就是我们常见的三视图，如图 3-25 所示。用三投影面体系表达三视图时，可不画投影面及框线、轴线。

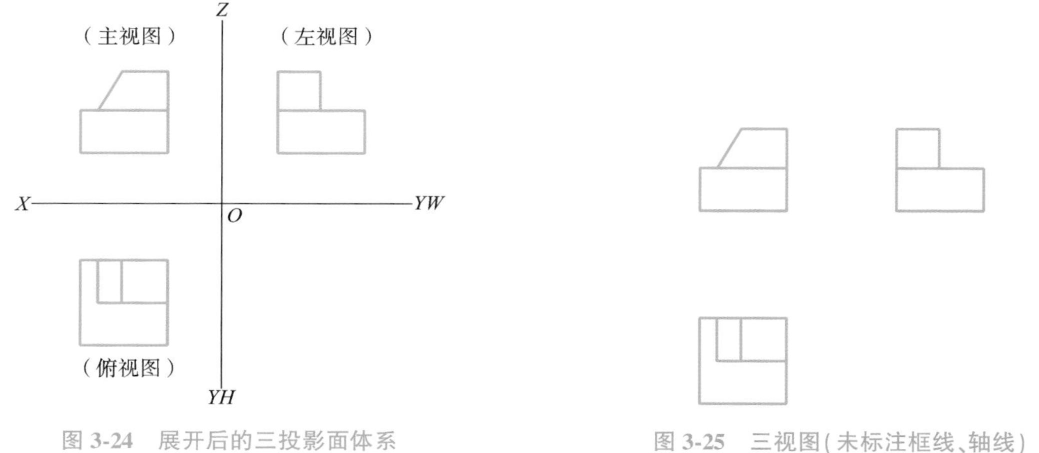

图 3-24　展开后的三投影面体系　　　图 3-25　三视图（未标注框线、轴线）

注意：

按照国家标准规定展开后的视图是严格固定的，须一一对应，不可随意变动。在绘制三视图时应使各视图间保持一定的距离，并保证有足够的位置用于尺寸标注。

3.4.4　三视图的投影规律

一个视图只能反映两个方向的尺寸和方位关系，主视图反映物体的长度和高度，俯视图反映物体的长度和宽度，左视图反映物体的宽度和高度，如图 3-26 所示。

由此可见，三视图的投影规律如下。

(1)主视图与俯视图长对正。

(2)主视图与左视图高平齐。

(3)俯视图与左视图宽相等。

三视图的投影规律能反映出三视图的重要特性，也是绘图和读图的重要依据，不可随意变动。无论是整个物体还是局部细节，其三视图都必须符合这个规律。

观察物体有上、下、左、右、前、后六个方向。主视图看到物体的前表面，反映物体的上、下、左、右表面的位置关系；俯视图看到物体的上表面，反映物体的左、右、前、后表面的位置关系；左视图看到物体的左表面，反映物体的上、下、前、后表面的位置关系，如图 3-27 所示。

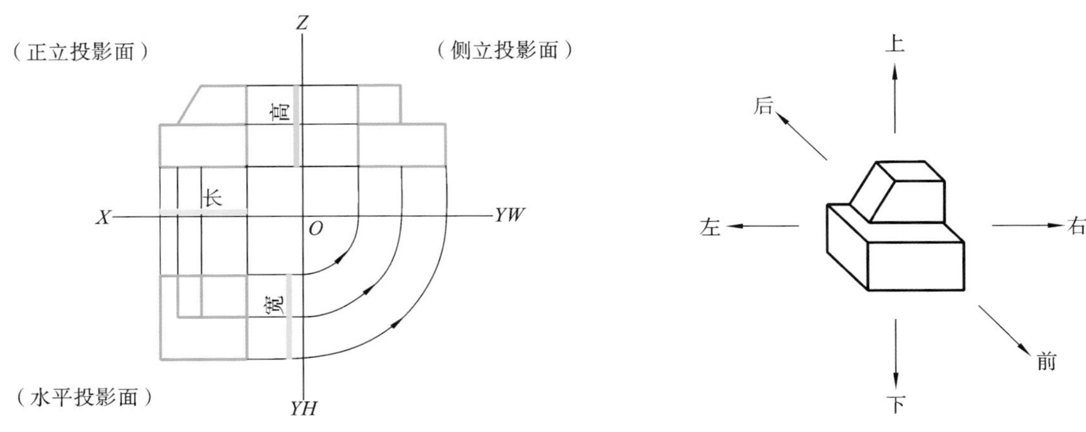

图 3-26　三视图的投影规律

图 3-27　物体的六个方向

3.4.5　三视图绘图方法

绘制物体三视图前，先观察物体，运用形体分析法分析物体的形状特征，选择能够较多反映物体形状结构及位置关系，且符合常识观看的角度，以此作为主视图，然后逐步确定左视图和俯视图。

一般优先采用 1∶1 的比例绘图，便于检查物体的实际大小及位置关系。三视图绘制步骤如下。

(1)确定物体位置和方向，选择主视图投影方向，绘制主视图。

(2)根据三视图的投影规律，逐步找到相对应的结构位置，分别绘制俯视图和左视图。

(3)按规定布局三视图，须保证留有一定的位置进行尺寸标注，且间隔均匀。

(4)检查无误后，加深三视图中外轮廓线，完成作图。

练习

(1)绘制三投影面体系中的三视图。

(2)绘制三视图展开图。

(3)绘制以下几何体的三视图。

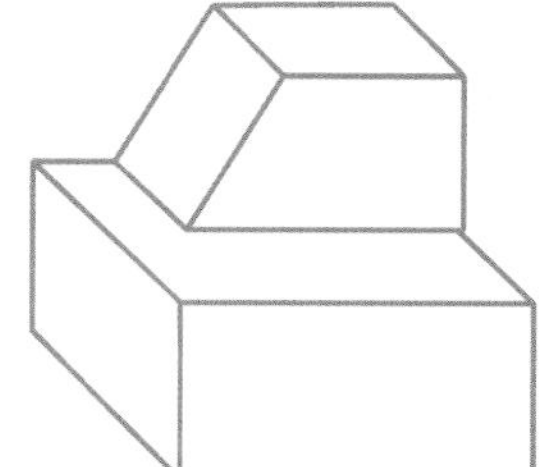

Chanpin Sheji Zhitu Jichu

第四章

立体的投影与组合体的视图

在设计和生产制造中，经常会接触到形状各异的机件(零件)。这些机件的形状虽然复杂，但都是由多个形状简单的几何体组合而成的。在制图的过程中，通常把这些形状单一的几何形体称为基本几何体，简称基本形体。

4.1 基本几何体三视图及尺寸标注

基本几何体按其表面的性质不同，可分为平面立体和曲面立体。

4.1.1 平面立体的三视图

表面由平面多边形围合而成的基本几何体称为平面立体，简称平面体，如棱柱、棱锥和棱台等，如图 4-1 所示。

图 4-1 棱柱、棱锥和棱台

1. 棱柱

如图 4-2 所示是正六棱柱的立体图，它由上下两个正六边形底面和六个四边形的棱面构成。

图 4-2 正六棱柱

选择正六棱柱的主投影方向时，需要注意的是，正六棱柱须摆正。学习作图时，应尽量使正六棱柱的表面平行或垂直投影面，如图 4-3、图 4-4 所示。

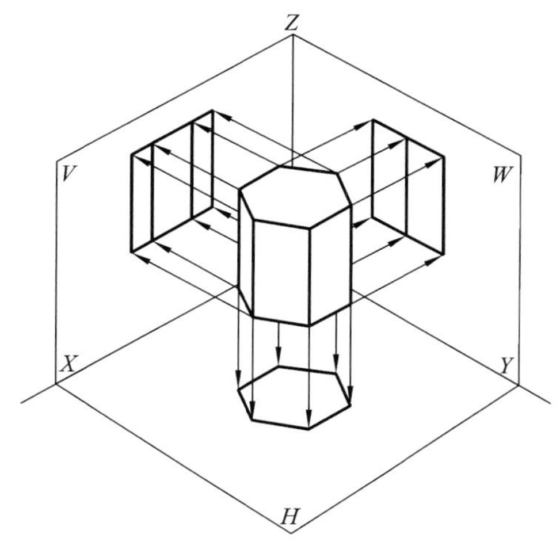

图 4-3　正六棱柱投影示意图

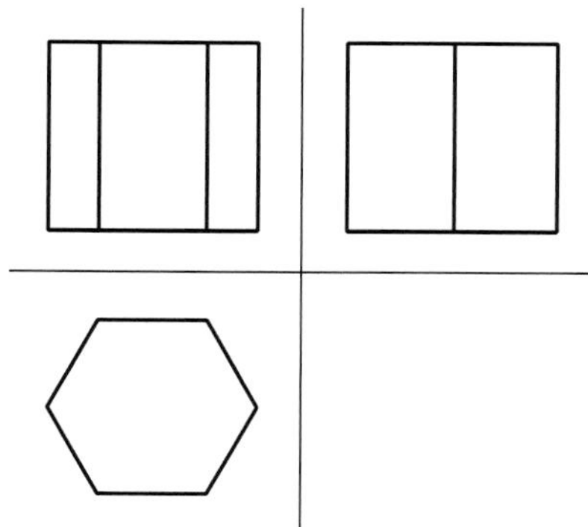

图 4-4　正六棱柱三视图

2. 棱锥

棱锥由一个底面和若干个三角形侧棱面围成，且所有棱面相交于一点，该点称为椎顶。棱锥相邻两个棱面的交线称为棱线，所有的棱线都交于锥顶。常见的棱锥有三棱锥、四棱锥和五棱锥。

图 4-5 所示为正四棱锥，它由一个底面为正方形，四个侧棱面为等腰三角形围合而成。在投影时，正四棱锥的底面与水平投影面平行进行投影。棱锥底面为水平面，那么正四棱锥的水平投影反映实形，正面投影和侧面投影分别积聚为直线段。四个侧棱面中有两个正垂面、两个侧垂面，其中两个正垂面在正投影面上的投影为直线段，另外两个面的投影为类似形；两个侧垂面在侧投影面上的投影为直线段，另外两个面的投影为类似形。

正四棱锥的投影特征：当棱锥的底面平行某一个投影面时，棱锥在该投影面上投影的外轮廓为与其底面全等的正方形，而另外两个投影则是侧棱面（三角形）聚集而成的类似形，如图 4-6 所示。

图 4-5　正四棱锥

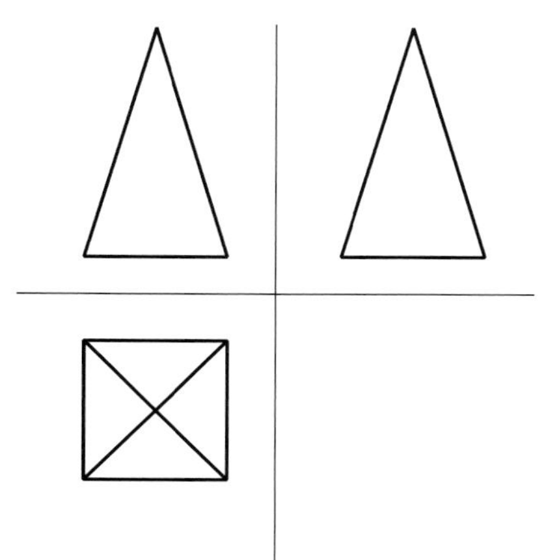

图 4-6　正四棱锥三视图

3. 棱台

如图 4-7、图 4-8 所示，为棱台和棱台三视图。

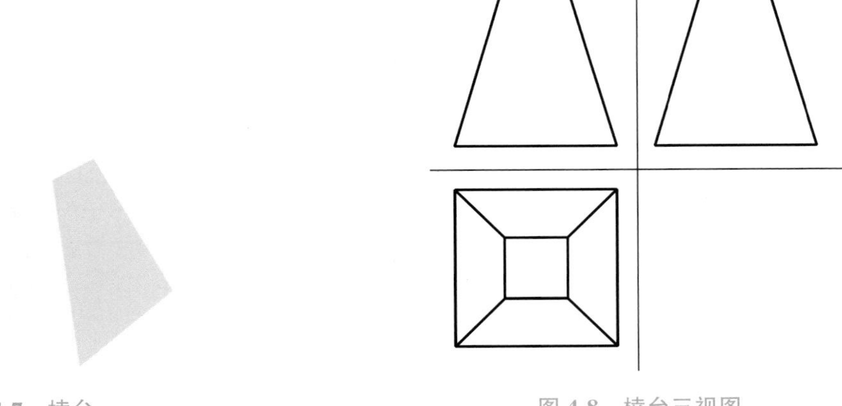

图 4-7 棱台

图 4-8 棱台三视图

4.1.2 曲面立体的三视图

表面全部或部分由曲面围成的基本几何体称为曲面立体，简称曲面体，如圆柱、圆锥和圆台等，如图 4-9 所示。

图 4-9 圆柱、圆锥和圆台

曲面立体的表面是曲面与曲面、曲面与平面围合而成的，其中曲面是由一条母线（直线、曲线）绕定轴回转而形成的。母线不同或母线与轴线的相对位置不同，产生的回转面也不同。曲面立体是由一封闭图形绕一固定轴线回转一周后形成的，如图 4-10 所示。

封闭图形为回转体的特征平面，不同的特征平面会产生不同的回转体。某些曲面可看作由一条线按一定的规律运动所形成，这条运动的线称为母线，而曲面上任一位置的母线称为素线。母线绕轴线旋转，形成回转面。母线上的各点绕轴线旋转时，形成回转面上垂直于轴线的纬圆，纬圆的半径是该点到轴线的距离。

1. 圆柱

圆柱的表面包含圆柱面、顶面和底面。圆柱面由直线绕与它平行的轴线旋转而成。圆柱表面上

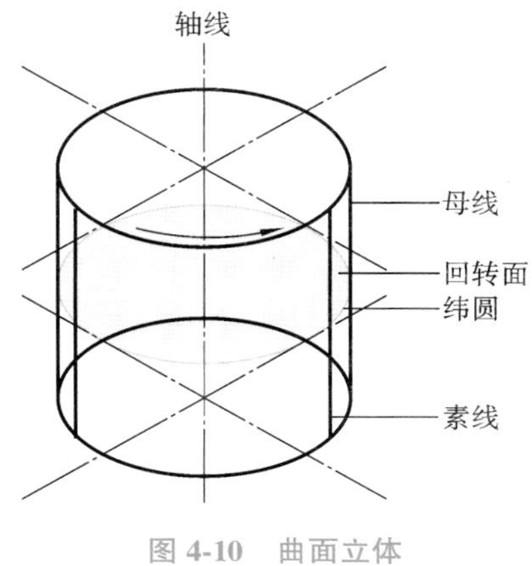

图 4-10 曲面立体

的与轴线平行的直线，称为圆柱面上的素线，素线相互平行。圆柱和圆柱三视图如图 4-11、图 4-12 所示。

图 4-11 圆柱

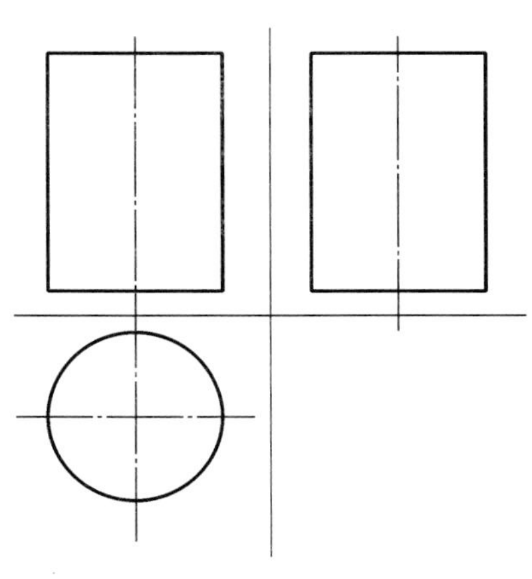

图 4-12 圆柱三视图

2. 圆锥

圆锥的表面包含圆锥面和底面。圆锥面由直线绕与它相交的轴线旋转而成。圆锥和圆锥三视图如图 4-13、图 4-14 所示。

3. 圆台

如图 4-15、图 4-16 所示，为圆台和圆台三视图。

4. 球

球的表面是球面。球面由圆以其直径为轴线旋转而成，球的三面投影都是直径与球直径相等的圆。球如图 4-17 所示。

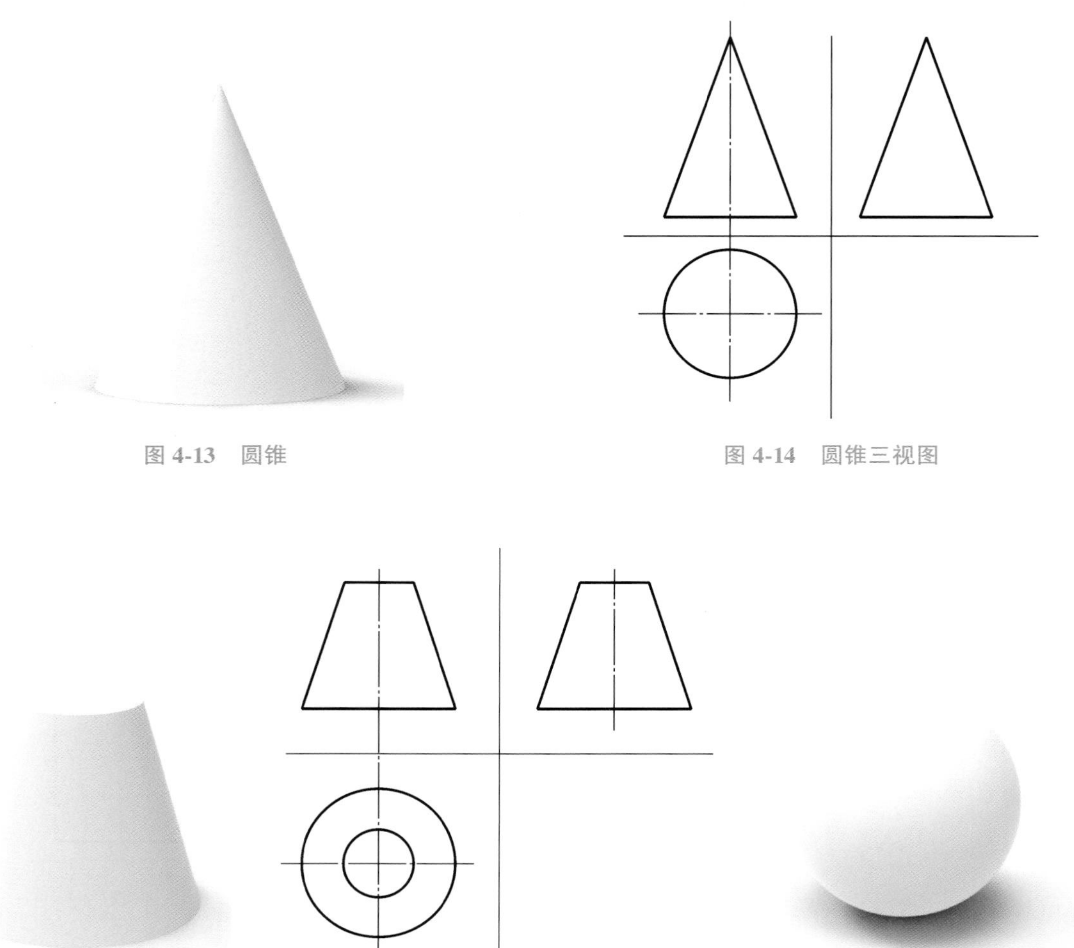

图 4-13　圆锥

图 4-14　圆锥三视图

图 4-15　圆台

图 4-16　圆台三视图

图 4-17　球

5. 圆环

圆环的表面是环面。环面由圆以圆平面上不与圆心共线且在圆外的直线为轴线旋转而成。圆环和圆环的三视图如图 4-18、图 4-19 所示。

图 4-18　圆环

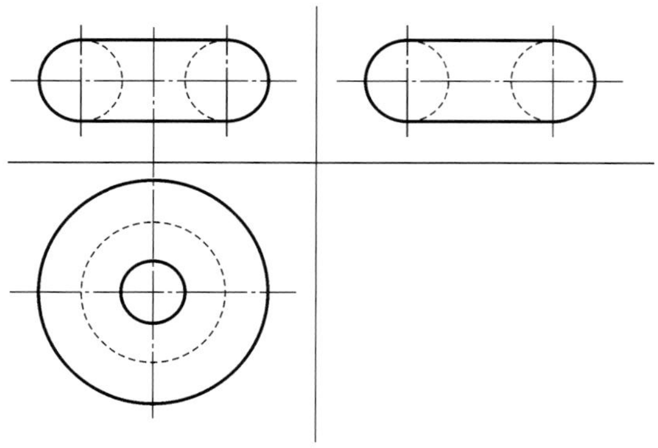

图 4-19　圆环的三视图

4.1.3 平面立体的尺寸标注

平面立体有长、宽、高三个方向的尺寸，对这三个方向的尺寸进行标注，形体的大小就能确定。

对平面立体进行尺寸标注时，如棱柱、棱锥，应标注出底面的形状和高度尺寸，其长、宽的尺寸标注在能反映底面实际形状的水平投影图中，高度尺寸则标注在能反映棱柱高度的正面投影图中。

对于棱锥的标注，除了标注长、宽、高三个尺寸，还要在能反映底面实际形状的水平投影图中标注出锥顶的定位尺寸。

标注正方形的边长时，需要加注"□"符号。

平面立体的尺寸标注，如图 4-20～图 4-22 所示。

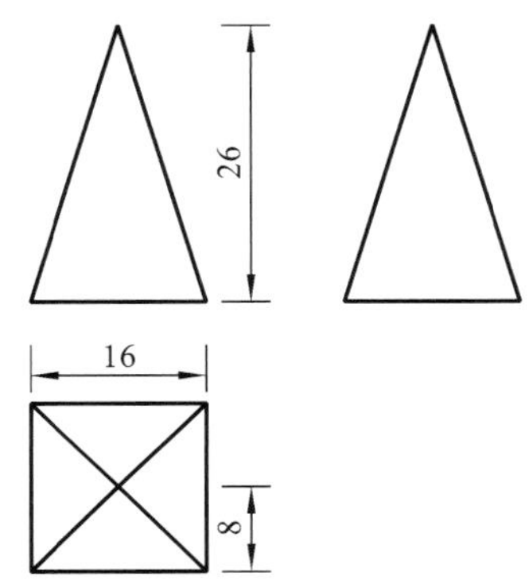

图 4-20 平面立体的尺寸标注范例 1

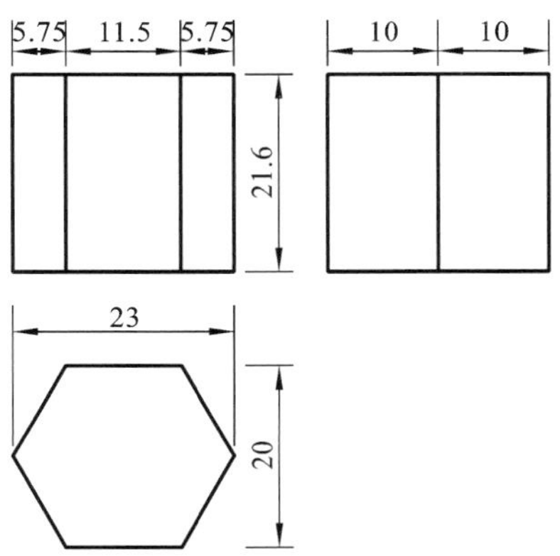

图 4-21 平面立体的尺寸标注范例 2

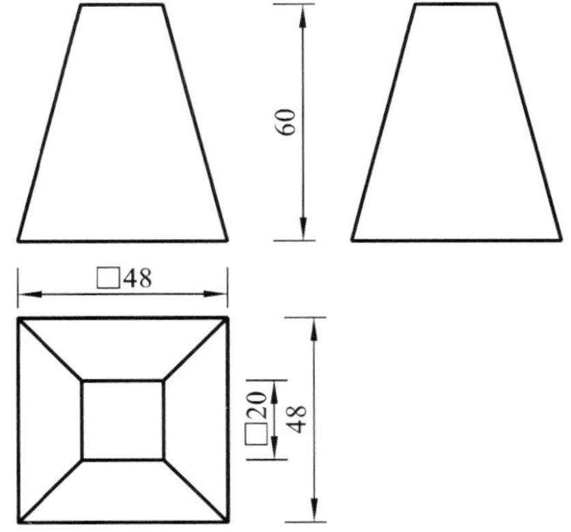

图 4-22 平面立体的尺寸标注范例 3

4.1.4 曲面立体的尺寸标注

对于圆柱和圆锥的尺寸，需要标注底圆的直径尺寸和高度尺寸，一般这些尺寸标注在非圆投影图中，并且在直径尺寸数字前加注直径符号“ϕ”。直径一般只用标注在一个视图中，其他视图可不标注。球尺寸应在直径符号“ϕ”前加注字母“S”。圆环尺寸应标注出母线圆和中心圆的直径。曲面立体的尺寸标注，如图 4-23～图 4-27 所示。

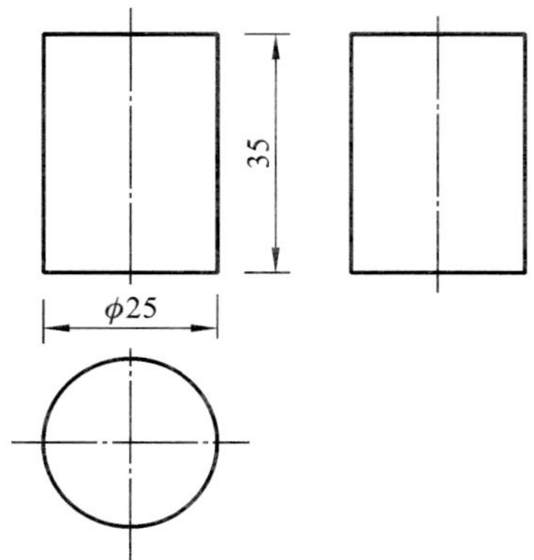

图 4-23　圆柱的尺寸标注

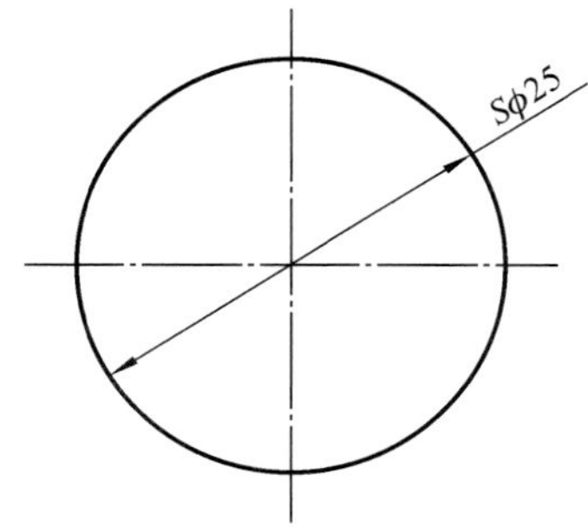

图 4-24　球的尺寸标注

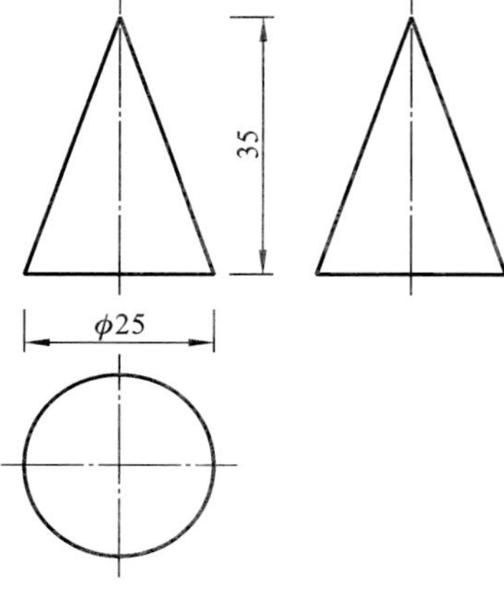

图 4-25　圆锥的尺寸标注

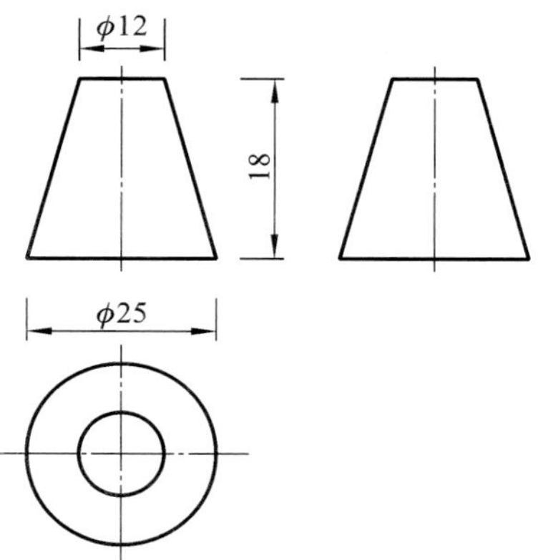

图 4-26　圆台的尺寸标注

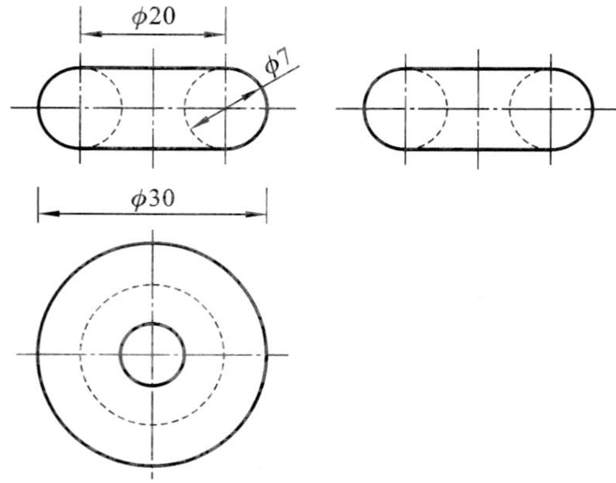

图 4-27　圆环的尺寸标注

4.2　组合体三视图及尺寸标注

任何机器零件都是由一些基本几何体经过叠加、切割而成的。组合体是忽略了零件的加工工艺特征，如圆角、倒角、沉孔等，从局部结构中抽象简化后的几何模型。组合体是投影理论过渡到实际应用的桥梁，掌握组合体识图和绘图的基本方法十分重要，这将为绘制零件图打下基础。

4.2.1　组合体的分类

组合体分为叠加型组合体、切割型组合体及综合型组合体。

1. 叠加型组合体

叠加型组合体是将若干个基本几何体以叠加的形式进行组合的形体。常见的叠加方式有表面齐平叠加、表面不齐平叠加和同轴叠加，如图 4-28 ~ 图 4-30 所示。

图 4-28　表面齐平叠加

图 4-29　表面不齐平叠加

图 4-30　同轴叠加

图 4-31　切割型组合体

2. 切割型组合体

切割型组合体是由一个完整的基本几何体经过切割、穿孔、挖槽等操作形成的形体，如图 4-31 所示。

3. 综合型组合体

综合型组合体是由叠加和切割两种组合形式复合形成的组合体。这种综合型组合体一般先考虑叠加，再考虑切割。

4.2.2　组合体形体间的表面连接关系

在分析组合体时，各形体相邻表面之间按照其形状和位置关系不同可分为平齐、不平齐、相交和相切四种情形。连接关系不同，连接处的投影和画法则均有不同。

1. 平齐

平齐指两个基本几何体相邻表面相平齐，连成一个平面，如图 4-32 所示。两个形体的表面平齐，交界处没有分界线，用来表示在同一个面，图 4-33 左边为错误画法，右边是正确画法。

图 4-32　两个形体的表面平齐

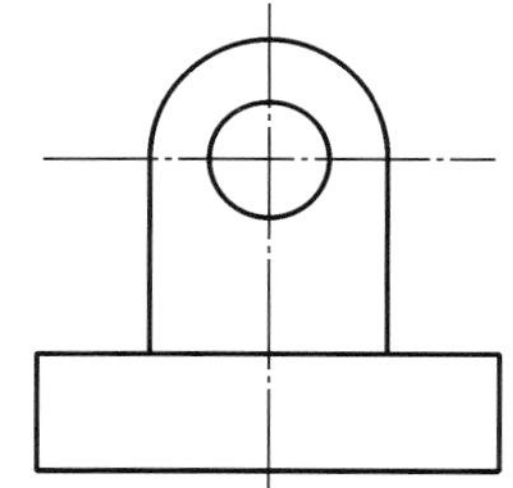
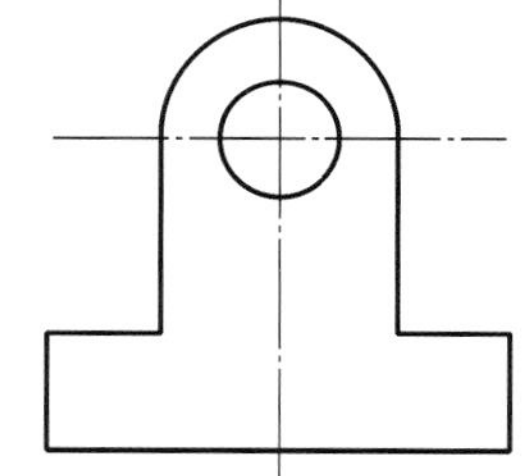

图 4-33　两个形体的表面平齐，交界处画法

2. 不平齐

不平齐指两个基本几何体相邻表面不平齐，在结合处有分界线，如图 4-34 所示，相应视图中应有线隔开。两个物体的表面不平齐，主视图的中间画线用来表示不在同一个面，如图 4-35 所示。

注意：

（1）当相邻两个基本几何体的表面相交时，在相交处会产生各种形状的交界线，应在视图相应位置处画出交线的投影。

（2）当相邻两个基本几何体的表面相切时，由于在相切处两表面是光滑过渡的，不存在明显的分界线，那么在相切处规定不画出分界线的投影。但形体顶面的正面投影和侧面投影聚集成一条直线段时，应按照投影关系画到切点处。

图 4-34　两个形体的表面不平齐

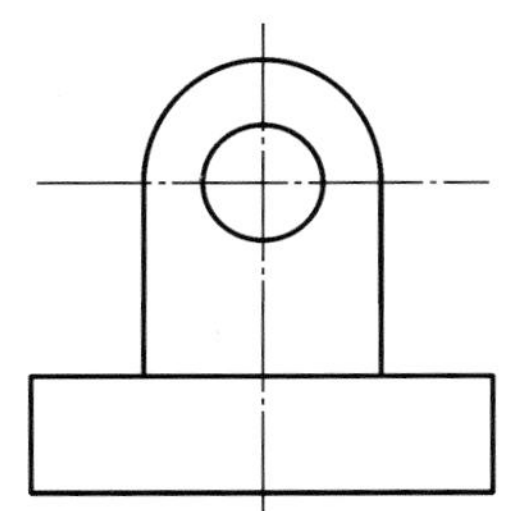

图 4-35　两个形体的表面不平齐，交界处画法

3. 相交

两个几何体的表面彼此接近，平面与平面、平面与曲面、曲面与曲面在相交处应该标明完整的交线，如图 4-36 所示。

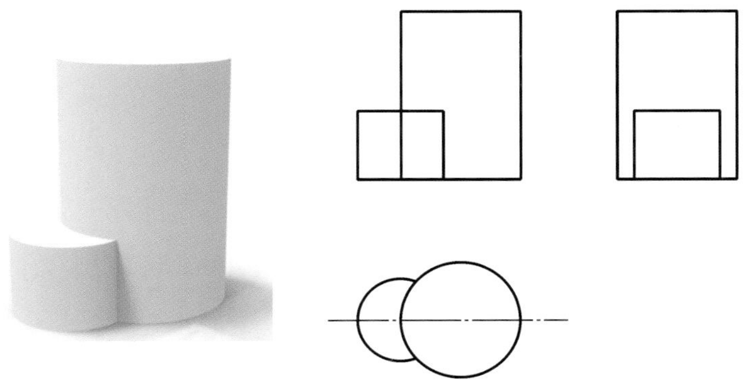

图 4-36　相交及交线画法

4. 相切

两个几何体的表面光滑过渡，但没有彼此接近，那么在相切处不存在交线，如图 4-37 所示。

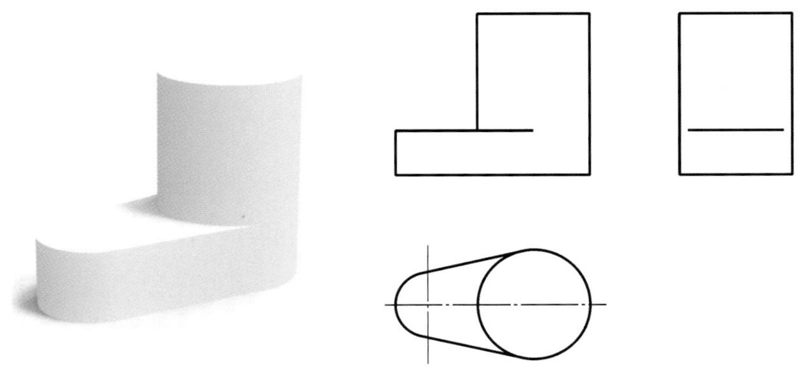

图 4-37　相切画法

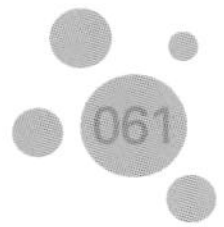

4.2.3 视图选择

形体分析完成后，应确定主视图的投影方向及物体的放置位置。在组合体的三视图中，主视图是最主要的视图。

一般选择能反映物体形状特征最明显、形体间相互位置关系最多的投影方向作为主视图的投影方向。主视图的放置位置应反映物体重要的形状特征，使其表面相对于投影面尽可能处于平行或垂直位置。同时，还应考虑各视图中不可见的形体（最少），避免在三视图中出现较多的细虚线。合理利用图纸幅面，一般将较大尺寸作为物体的长度方向。主视图确定后，俯视图和左视图也就随之确定。

对于日常生活中的产品，三视图的表达应尽可能符合人们观察和使用的常用方向，符合大部分人群对于该产品的认知，然后进行综合形体分析，确定主视图的投影方向和摆放位置，再进行视图绘制及尺寸标注。

4.2.4 绘制三视图

视图确定后，根据物体的复杂程度选择适当的画图比例，确定图幅大小，图幅的选择要考虑到尺寸标注所需要的空间。图幅大小以方便后面的尺寸标注以及标题栏绘制为宜。确定图幅后，合理布置视图。

布置视图时，应根据每个视图在各投影方向上的最大尺寸，并考虑尺寸标注所需的空间，匀称地将各视图布置在图幅中。

三视图作图步骤如下。

（1）准备工作。

根据各视图的尺寸大小，确定视图的具体位置，使得各视图在图框线内分布均匀，画出各视图两个方向的基准线。

（2）绘制底稿。

按形体分析法，从主要形体入手，根据各基本形体的相对位置逐个画出每一个形体的投影。为了便于修改和保持图面整洁，可用细且浅的图线画底稿。

画图顺序应先画主要结构与大形体；再画次要结构与小形体；先画实体，后画虚体（孔、槽、圆角、切口等）。画各个形体的视图时，三个视图可以联系起来画，应从反映该形体形状特征的那个视图画起。在作图过程中，每增加一个组成部分，要注意分析该部分与其他部分之间的相对位置关系及表面连接关系，同时注意正确绘制被遮挡部分的投影。

（3）检查、加深。

底稿完成后仔细检查全图，修改错误，擦去多余的图线。检查准确无误后，按国家标准规定的线型描深图线。描深顺序一般应是先细线后粗线、先曲线后直线，注意使用尺规作图。

注意：

(1)运用形体分析法，逐个绘制出各组成部分。绘图时，一般先画较大的、主要的组成部分，逐步次之；先绘制主要轮廓，再绘制细节；先从反映实形或有特征的视图开始，再按投影关系绘制出其他视图。对于回转体，先画出轴线、圆的中心线，再画轮廓线。

(2)绘图时，应按“长对正、高平齐、宽相等”的投影规律进行绘图，几个视图对应联系，以保持各基本体正确的投影关系，绘制后应检查各视图的投影正确与否。

4.3 组合体的尺寸标注

视图用于表达组合体的形状，而组合体的真实大小需要由视图中的尺寸标注的数值来确定。组合体的尺寸标注与平面立体的尺寸标注相同，应首先确定长度、高度和宽度基准。一般制造商以图样上所标注的尺寸进行生产和加工，因此正确标注尺寸非常重要。视图中的尺寸标注的基本要求包括以下几点。

(1)正确：尺寸注法要符合国家标准。

(2)完整：尺寸必须注写齐全，不遗漏，不重复。

(3)清晰：标注尺寸布置的空间位置合适，注写明显，便于读图。

(4)合理：标注尺寸应符合设计、制造、装配等生产工艺的要求，方便生产、加工、测量和检验。

为使组合体的尺寸标注完整，仍用形体分析法假想将组合体分解为若干基本几何体，标注出各基本几何体的定形尺寸及确定它们之间的相对位置和定位尺寸，最后根据组合体的结构特点标注出总体尺寸。

4.3.1 尺寸基准

尺寸基准是确定组合体中基本几何体定位的基准，是用来确定基本几何体在组合体中位置的基准面或基准线，也是标注尺寸时的起始位置。

为了完整和清晰地标注组合体的尺寸，必须在组合体长、宽、高三个方向分别选定主要尺寸基准，通常选择组合体的对称平面、端面、底面及主要回转体的轴线等作为主要尺寸基准。尺寸基准也可以是组合体中较为重要的平面或重要的要素作为尺寸基准。

当形体复杂时，允许有一个或几个辅助尺寸基准。如图 4-38 所示，该组合体选取了左右对称平面、前后对称平面和底板的底面分别为长度、宽度和高度三个方向的尺寸基准，如图 4-39 所示。

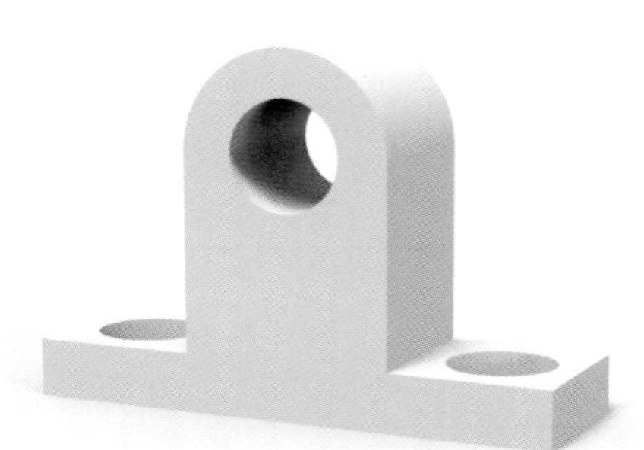
图 4-38　零件 1

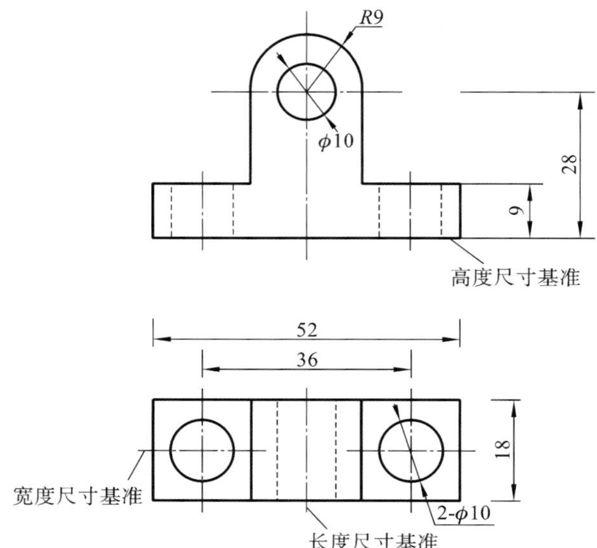

图 4-39　零件 1 三视图及尺寸基准

4.3.2　尺寸种类

组合体尺寸由定形尺寸、定位尺寸和总体尺寸组合而成，在标注时应做到无遗漏、不重复。

(1)定形尺寸：确定各基本几何体形体大小的尺寸。

(2)定位尺寸：确定各基本几何体之间相对位置的尺寸。

(3)总体尺寸：确定组合体外形总长、总宽、总高的尺寸。

标注组合体的尺寸时，应以形体分析为基础，逐一标注各个基本形体的定形尺寸和定位尺寸，最后标注总体尺寸。应仔细检查，标注出完整的尺寸，做到尺寸标注完整，无遗漏，不重复。

4.3.3　尺寸标注要求

1. 突出特征

定形尺寸尽量标注在反映物体形状特征的视图上，如底板上的圆角和圆孔的尺寸应标注在俯视图上，竖板的半圆头和圆孔的尺寸应标注在主视图上。

同轴圆柱的直径尺寸应标注在非圆的视图上。小于半圆的圆弧尺寸必须标注在投影为圆弧的视图上。

2. 相对集中

同一基本几何体的定形与定位尺寸应集中标注，并标注在形状明显的视图上。如底板的长、宽尺寸和底板上圆孔的定形、定位尺寸，竖板的定形尺寸和竖板上圆孔的定位尺寸，分别集中标注在俯视

图和主视图上。

3. 布局整齐

同方向的平行尺寸标注，应使小尺寸标注在内，大尺寸标注在外，间距均匀（一般 5 ~ 7 mm），避免尺寸线与尺寸界线相交。同方向的串联尺寸应排列在一条直线上，整齐又便于画图。

4. 便于读图

尺寸尽量标注在视图外部，布局在两视图之间，图形和标注应清晰，便于读图。

4.4 组合体三视图的读图方法

绘图是将物体用正投影方法表达在平面图纸上，读图则是根据已绘制出的视图，通过形体分析和线面的投影分析，以平面图形的形式反映出空间物体的具体形状和结构特征。绘图与读图是相辅相成的，读图是绘图的逆向过程。为了正确、迅速地读懂视图，必须掌握读图的基本要领和基本方法。

4.4.1 读图的基本要领

1. 将各个视图联系起来读图

组合体的形状一般可通过几个视图表达清楚，但每个视图只能反映物体的一个投影方向的形状，只用一个或两个视图不一定能够准确反映出一个组合体的准确形状。

在读图时，一般应从反映物体形状特征最为明显的视图入手，联系其他视图辅助对比分析，方能确定其真实形状，不能只看一个视图就确定其形状。

2. 理解视图中的线框和图线

视图是由线框和图线组合而成的，读图时应能准确理解视图中的线框和图线的含义。视图中的每个封闭线框都是物体的一个表面（平面、曲面、孔等）的投影。

视图中每条图线，可能是物体表面有积聚性的投影，也有可能是两个表面的交线的投影，还可能是曲面转向轮廓线的投影。

3. 从反映形体特征和位置特征的视图入手

形状特征视图，即能清楚表达物体形状特征的视图。一般来说，主视图能较多地反映组合体整体的形体特征，所以通常读图从主视图入手。但有些组合体的形状特征并不一定反映在主视图上，所以

读图时可先分析各基本几何体的形状特征视图，再联系其他视图，依靠空间想象得出正确的组合体的空间形状。

位置特征视图，即能清楚表达构成组合体的各个形体之间相互位置关系的视图。逐个读懂各基本几何体的形状，按视图中所示的各基本几何体之间的相对位置关系，得出组合体的整体形状。

4.4.2 读图的基本方法

组合体的读图基本方法包括形体分析法和线面分析法。形体分析法适合读叠加型组合体三视图；线面分析法适合读切割型组合体三视图。对于复杂的组合体三视图，一般需要综合运用以上两种方式。

1. 形体分析法

读图的基本方法与画图一样，主要是运用形体分析法。形体分析法读图步骤如下。

(1)根据组合体的形状特征，采用"长对正、高对齐、宽相等"的投影规律将组合体拆分成若干基本几何体。

(2)根据投影，确定基本几何体的组合形式和相对位置。

(3)将各部分按视图所示，通过综合想象，想出组合体的整体形状。

2. 线面分析法

线面分析法运用投影规律，通过对物体表面的线、面等几何要素进行分析，确定物体的表面形状，面与面之间的位置，以及表面交线，从而想象出物体的整体形状。线面分析法读图步骤如下。

(1)初步判断主体形状。

(2)确定切割面的形状和位置。

(3)逐个想象各个切割处的形状。

(4)想象整体形状。

4.5 组合体相贯线

零件中常有立体表面彼此相交的情况，称为立体相贯。相交立体表面的交线称为相贯线。两圆柱立体相贯如图 4-40 所示。相贯不同于两立体的简单叠加，而是一立体的侧表面全部或部分"贯入"另一立体的侧表面，因此相贯线多数情况下是三维空间的封闭线。由于相贯立体的形状及相对位置不同，相贯线的形状也各不相同。

图 4-40 两圆柱立体相贯

4.5.1 相贯线性质

1. 共有性

相贯线是相交两立体表面的共有线，也是两立体表面的分界线；相贯线上的点一定是两相交立体表面的共有点。

2. 积聚性

当相贯两立体中有一立体的某个投影积聚成线时，相贯线的投影必在此积聚成线的投影上，如圆柱面积聚成圆周、棱柱侧表面积聚为封闭折线等。

3. 封闭性

由于组合体具有一定的空间范围，相贯线一般为封闭的空间曲线；特殊情况下，也可能不封闭，也可能是直线或平面曲线。

4.5.2 相贯线画法

两圆柱轴线垂直相交称为正交。直立圆柱的直径小于水平圆柱的直径，它们的相贯线为闭合的空间曲线，前后、左右对称。如图 4-41 所示，由于直立圆柱的水平投影和水平圆柱的侧面投影都有积聚性，故相贯线的水平投影和侧面投影分别积聚在它们有积聚性的圆周上，所以只要求作相贯线的正面投影即可。因为相贯线的前后、左右对称，在其正面投影中，可见的前半部与不可见的后半部重合，左右对称。

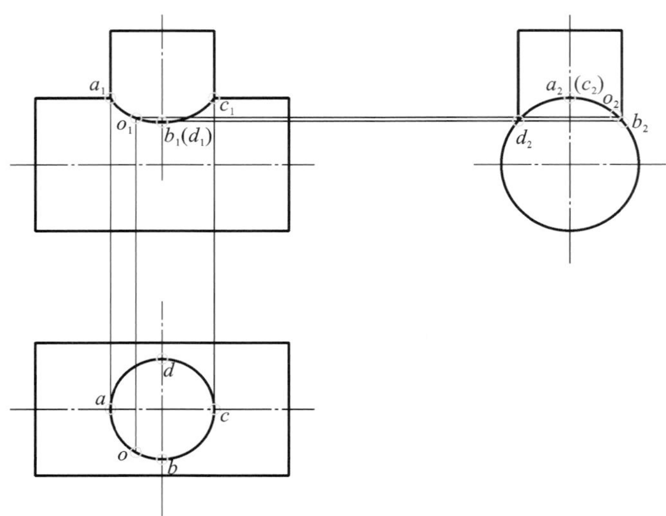

图 4-41　积聚性求作相贯线

4.6　轴　测　图

制图中,图样的表达以多面正投影图为主,作图简单,能准确地反映物体的形状和尺寸,便于度量,应用广泛。但视觉缺乏立体感,直观性较差,为了能更好地读图,还应采用一种立体感较强的轴测图来辅助表达,如图 4-42 所示。

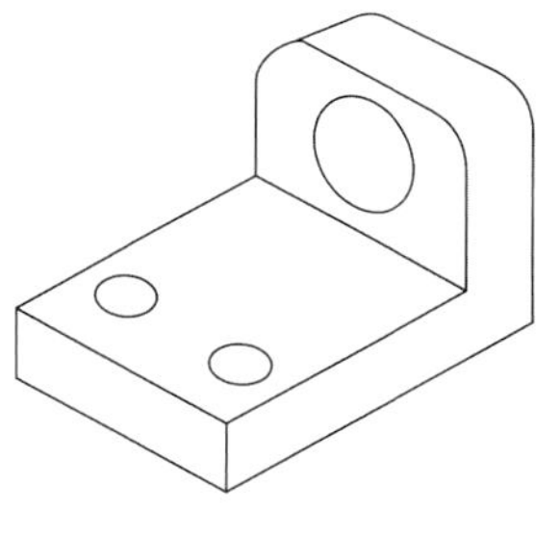

图 4-42　轴测图

4.6.1　轴测图的性质

国家标准《机械制图 轴测图》(GB/ T 4458. 3—2013)对轴测图的定义是:将物体连同其参考直角坐标系,沿不平行于任一坐标平面的方向,用平行投影法将其投射在单一投影面上所得到的图形。轴测图中常用术语如下。

(1)轴间角:轴测图中两轴测轴之间的夹角。

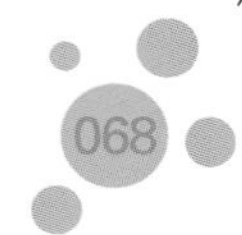

（2）轴向伸缩系数：轴测轴上的单位长度与相应投影轴上的单位长度的比值。OX、OY、OZ 轴上的伸缩系数分别用 p、q 和 r 简化表示。

在轴测图中，应用粗实线画出物体的可见轮廓。必要时，可用细虚线画出物体的不可见轮廓。三根轴测轴应配置成便于作图的特殊位置。绘图时，轴测轴随轴测图同时画出，也可以省略不画。轴测图规范如表 4-1 所示。

表 4-1　轴测图规范

<table>
<tr><td colspan="2"></td><td colspan="3">正轴测投影</td><td colspan="3">斜轴测投影</td></tr>
<tr><td colspan="2">特性</td><td colspan="3">投射线与轴测投影面垂直</td><td colspan="3">投射线与轴测投影面倾斜</td></tr>
<tr><td colspan="2">轴测图类型</td><td>等测投影</td><td>二测投影</td><td>三测投影</td><td>等测投影</td><td>二测投影</td><td>三测投影</td></tr>
<tr><td colspan="2">简称</td><td>正等测</td><td>正二测</td><td>正三测</td><td>斜等测</td><td>斜二测</td><td>斜三测</td></tr>
<tr><td rowspan="4">应用举例</td><td>轴向伸缩系数</td><td>$p_1=q_1=r_1=0.82$</td><td>$p_1=r_1=0.94$
$q_1=\frac{p_1}{2}=0.47$</td><td rowspan="4">视具体要求选用</td><td rowspan="4">视具体要求选用</td><td>$p_1=r_1=1$
$q_1=0.5$</td><td rowspan="4">视具体要求选用</td></tr>
<tr><td>简化伸缩系数</td><td>$p=q=r=1$</td><td>$p=r=1$
$q=0.5$</td><td>无</td></tr>
<tr><td>轴间角</td><td>Z, X, Y, O
120°, 120°, 120°</td><td>Z, X, Y, O
≈97°, 131°, 132°</td><td>Z, X, Y, O
90°, 135°, 135°</td></tr>
<tr><td>例图</td><td>l, l, l</td><td>l, l, l/2</td><td>l, l, l/2</td></tr>
</table>

4.6.2 轴测图的分类

理论上，轴测图存在无数种，但从作图简便等因素考虑，一般采用下列三种轴测图。必要时允许采用其他轴测图。

1. 正等轴测图

当物体上的三个坐标轴 OX、OY、OZ 与轴侧投影面的倾角相等（约为 35°16′）时，三个轴向伸缩系数均相等，用正投影法所得到的图形，称为正等轴测图，简称正等测，如图 4-43 所示。

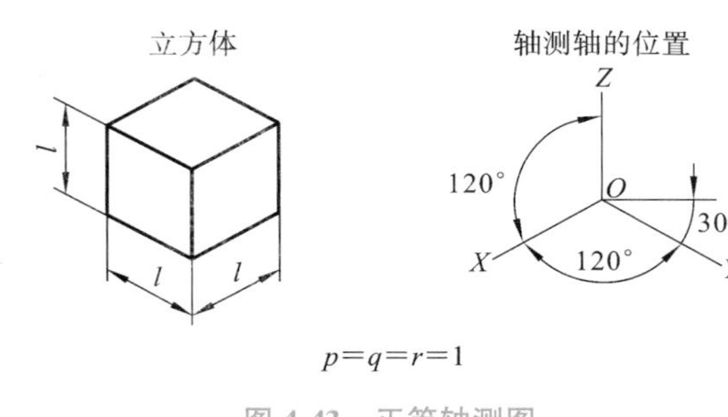

图 4-43 正等轴测图

2. 正二等轴测图

正二等轴测图，简称正二测，如图 4-44 所示。

3. 斜二等轴测图

将物体放置成使它的坐标面平行于轴侧投影面，而投影方向与轴侧投影面倾斜时，所得到的轴侧投影图称为斜二等轴测图，简称斜二测，如图 4-45 所示。

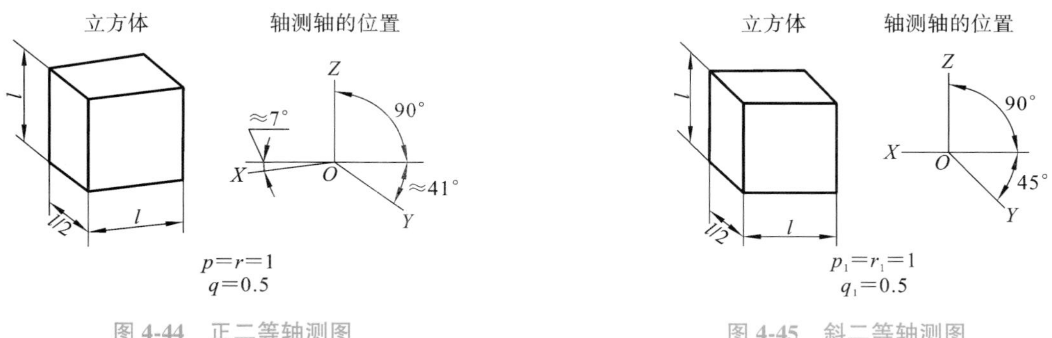

图 4-44 正二等轴测图　　图 4-45 斜二等轴测图

4.6.3 轴测图的轴间角和轴向伸缩系数

绘制正等测、正二测时，其轴间角和轴向伸缩系数（p、q 和 r）按图 4-43 和图 4-44 的规定。绘制斜二测时,其轴间角和轴向伸缩系数(p、q_1、r_1)按图 4-45 的规定。

1. 正等轴测图

正等轴测图的三个轴向伸缩系数相等,根据计算,约为 0.82,即 $p=q=r=0.82$。为简化作图,一般将轴向伸缩系数简化为 1,即 $p=q=r=1$,这样画出的正等测图,相当于三个轴向的尺寸都放大约 1/0.82≈1.22 倍,但物体的形状并无改变。$p=q=r=1$ 称为简化伸缩系数。

2. 斜二等轴测图

在斜二等轴测图中,一般将 OZ 轴画成垂直线,$OX\perp OZ$,OY 与 OX、OZ 的夹角均为 135°,三个轴向伸缩系数分别为 $p_1=1$,$r_1=1$,$q_1=0.5$。

4.6.4 轴测图的投影特性

轴测图的投影特性如下。

(1)物体上互相平行的线段,在轴测图上仍然互相平行。

(2)物体上两平行线段或同一直线上的两线段长度的比值,在轴测图上仍保持不变。

(3)物体上平行于轴测投影面的直线和平面,在轴测图上反映的是物体实际形状和大小。

(4)物体上平行于轴测轴的线段,在轴测图上的投影长度等于该轴向伸缩系数与该线段实际长度的乘积。

(5)在轴测图中只有沿着轴测轴方向测量的长度才与原坐标轴方向的长度有成正比的对应关系。

4.6.5 轴测图画法与标注

在画轴测图时,只需将与坐标轴平行的线段乘以相应的轴向伸缩系数,再沿相应的轴测轴方向上进行绘制。用乘以相应坐标轴的轴向伸缩系数的长度进行绘图,即是可度量性,也是“轴测”两个字的含义。

轴测图画法与标注要点如下。

(1)轴测图中一般只画出可见部分,必要时才画出其不可见部分。与各坐标平面平行的圆在各种轴测图中分别投影为椭圆(只有斜二测中正面投影仍为圆),如图 4-46~图 4-48 所示。

(2)表示零件的内部形状时,可假想用剖切面将零件的一部分剖去。各种轴测图中剖面线应按图 4-49、图 4-50 的规定画出。在轴测装配剖视图中,可用将剖面线画成方向相反或不同的间隔的方法来区别相邻的零件,如图 4-51 所示。

(3)剖切面通过零件的肋或薄壁等结构的纵向对称平面时,这些结构都不用画出剖面填充,而采用粗实线将它与邻接部分分开,如图 4-52 所示。如图中表现不够清晰,也允许在肋或薄壁部分用细点填充表示被剖切部分,如图 4-53 所示。

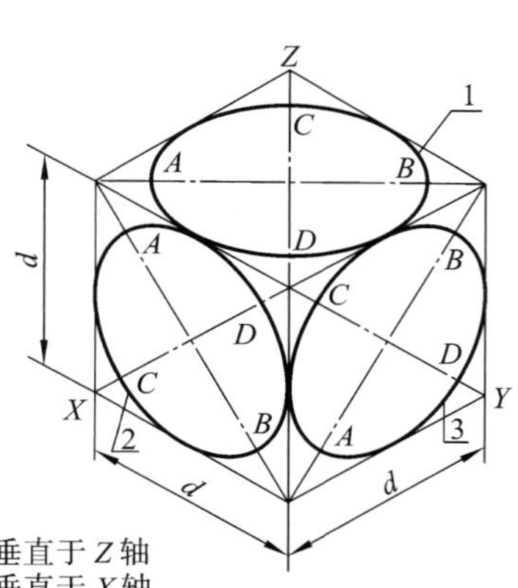

椭圆 1 的长轴垂直于 Z 轴
椭圆 2 的长轴垂直于 X 轴
椭圆 3 的长轴垂直于 Y 轴
各椭圆的长轴：
$AB \approx 1.22d$
各椭圆的短轴：
$CD \approx 0.7d$

图 4-46　与各坐标平面平行的圆在正等轴测图中的投影

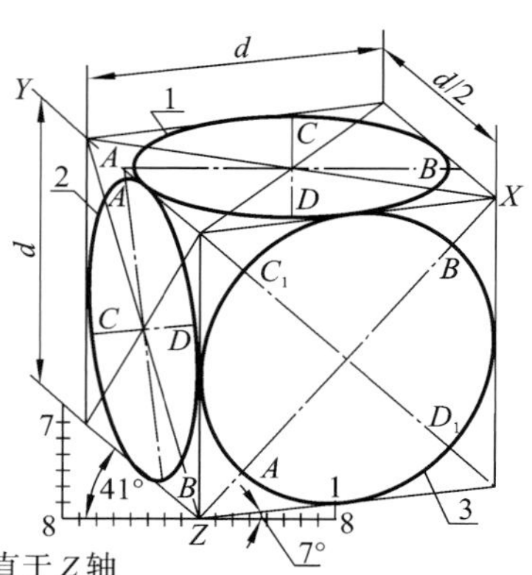

椭圆 1 的长轴垂直于 Z 轴
椭圆 2 的长轴垂直于 X 轴
椭圆 3 的长轴垂直于 Y 轴
各椭圆的长轴：
$AB \approx 1.06d$
椭圆 1、2 的短轴：
$CD \approx 0.35d$
椭圆 3 的短轴：
$C_1D_1 \approx 0.94d$

图 4-47　与各坐标平面平行的圆在正二等轴测图中的投影

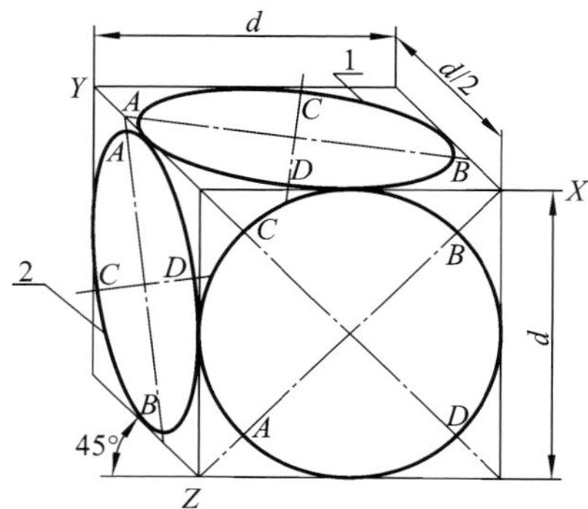

椭圆 1 的长轴与 Z 轴约成 7°
椭圆 2 的长轴与 Z 轴约成 7°
椭圆 1、2 的长轴：
$AB \approx 1.06d$
椭圆 1、2 的短轴：
$CD \approx 0.33d$

图 4-48　与各坐标平面平行的圆在斜二等轴测图中的投影

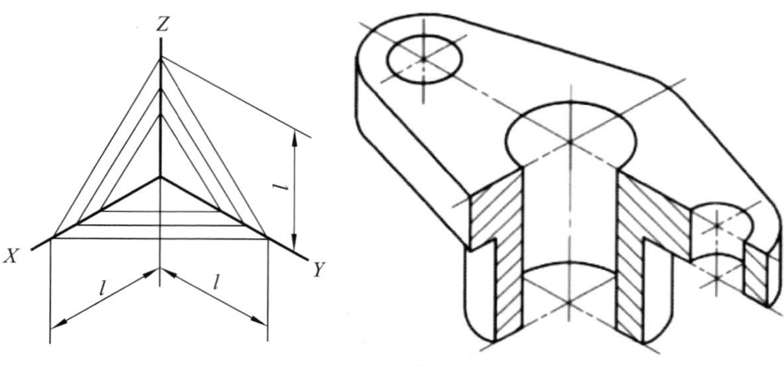

图 4-49　轴测剖视图 1

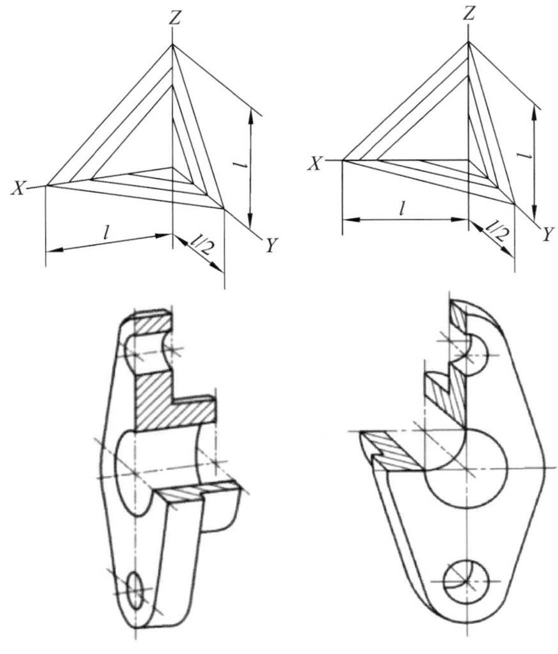

图 4-50 轴测剖视图 2

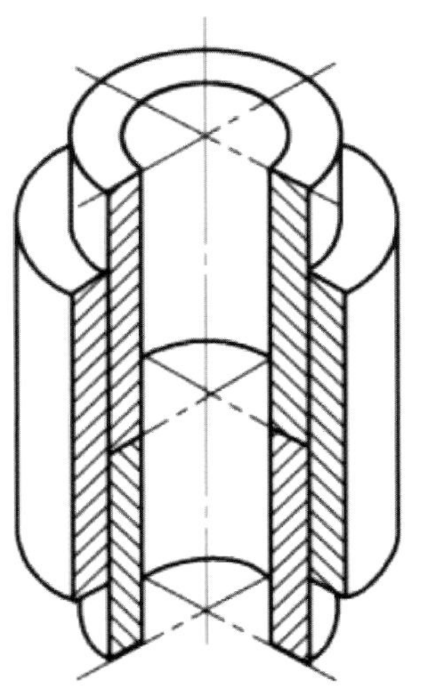

图 4-51 轴测装配剖视图

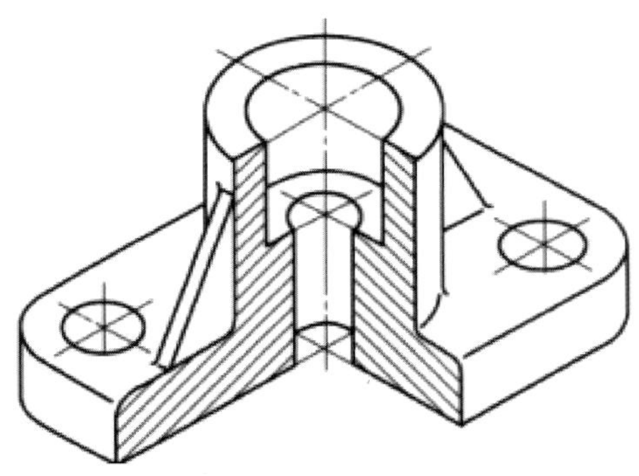

图 4-52 肋等结构轴测剖视表示法 1

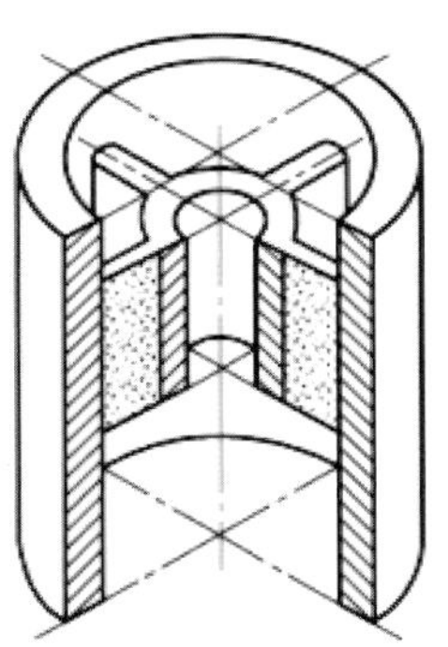

图 4-53 肋等结构轴测剖视表示法 2

（4）表示零件中间折断或局部断裂时，断裂处的边界线应画波浪线，并在可见断裂面内加画细点填充以代替剖面线，如图 4-54 和图 4-55 所示。在轴测装配剖视图中，当剖切面通过轴、销、螺栓等实

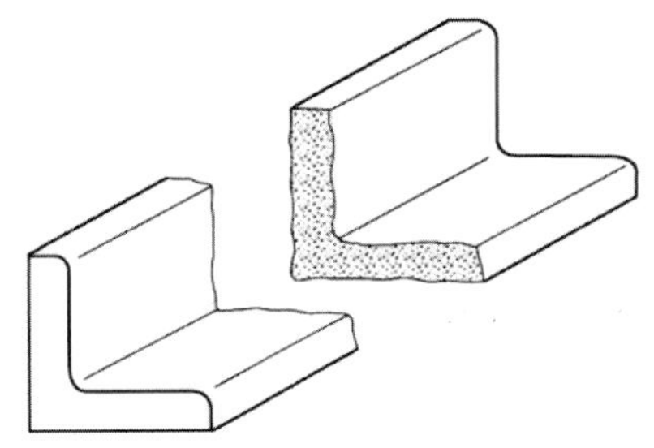

图 4-54 轴测图中的断裂画法

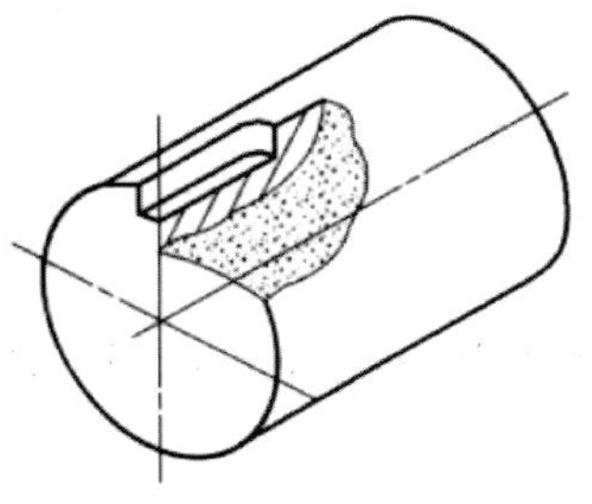

图 4-55 轴测图中局部视图的表示法

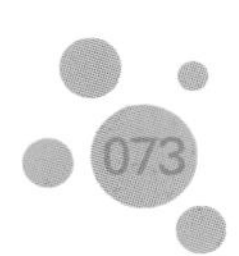

心零件的轴线时，这些零件应按未剖切绘制。

（5）轴测图中的线性尺寸，一般应沿轴测轴的方向标注。尺寸数值为零件的公称尺寸，应标注在尺寸线的上方。尺寸线必须和所标注的线段平行，尺寸界线一般应平行于某一轴测轴。当在图形中出现字头向下的情况时，应引出标注，将数字按水平位置注写，如图 4-56 和图 4-57 所示。

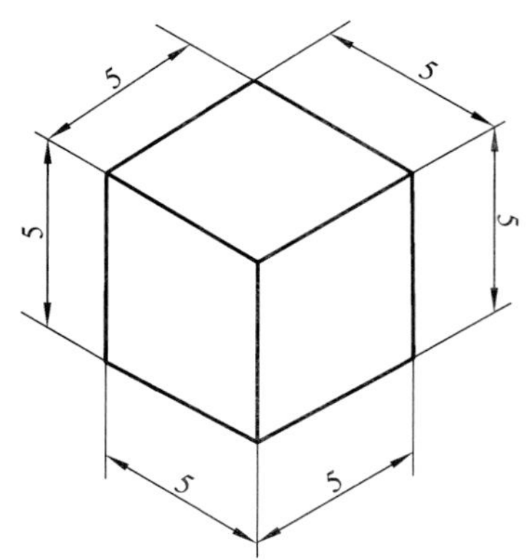

图 4-56　轴测图中线性尺寸注法 1

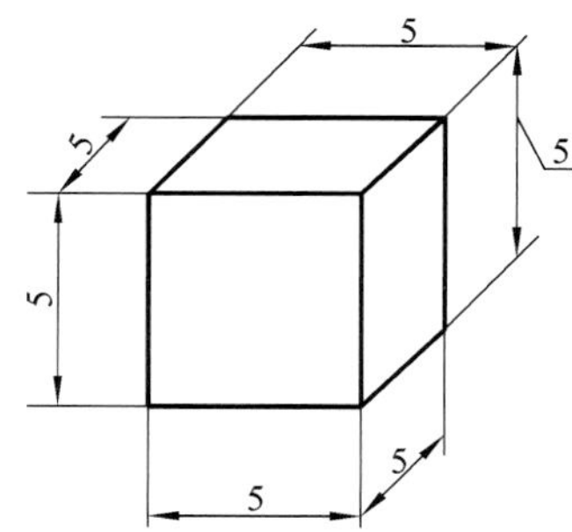

图 4-57　轴测图中线性尺寸注法 2

（6）标注圆的直径、尺寸线和尺寸界线应分别平行于圆所在的平面内的轴测轴，标注圆弧半径或较小圆的直径时，尺寸线可从（或通过）圆心引出标注，但注写数字的横线必须平行于轴测轴，如图 4-58 所示。

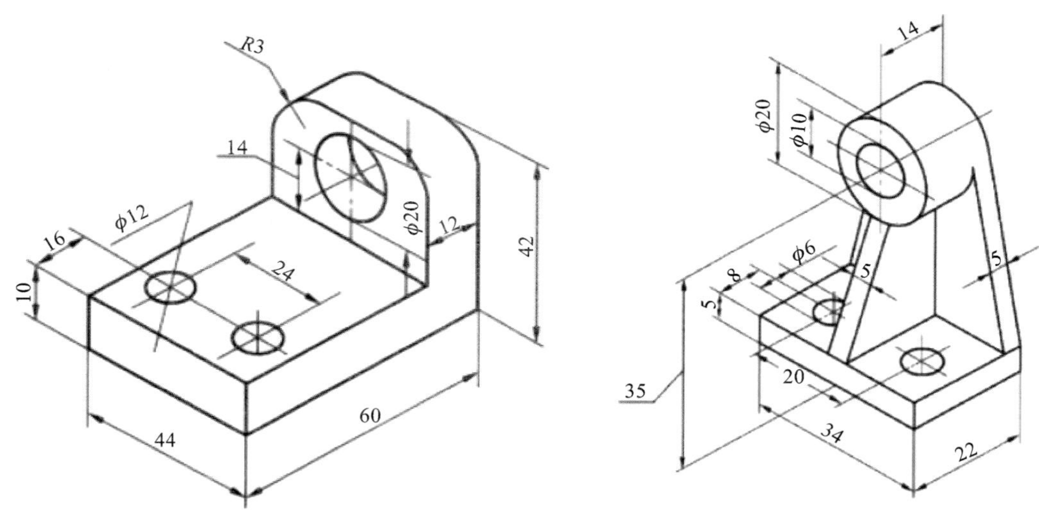

图 4-58　轴测图中圆的尺寸注法

（7）标注角度的尺寸线应画成与该坐标平面相应的椭圆弧，角度数字一般写在尺寸线的中断处，如图 4-59 所示。

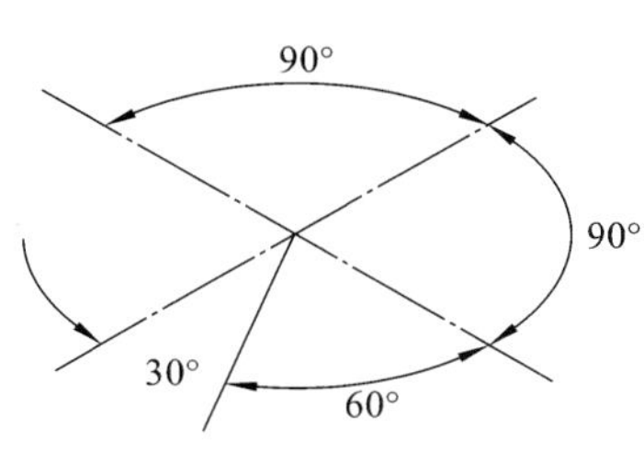

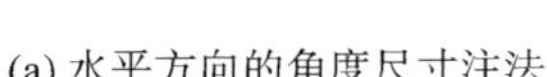
(a) 水平方向的角度尺寸注法

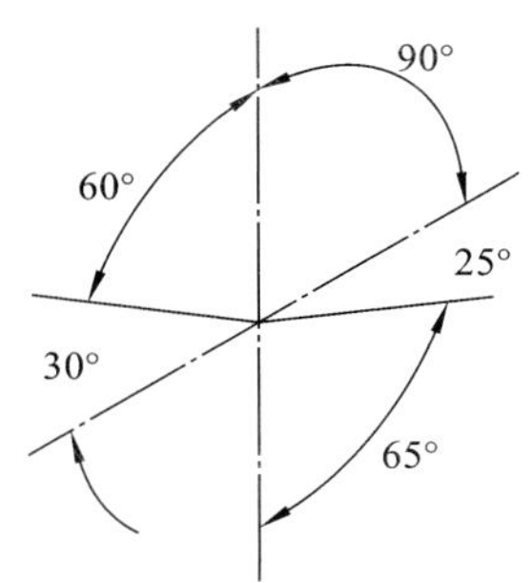

(b) 垂直方向的角度尺寸注法

图 4-59 轴测图中角度的尺寸注法

练习

请对以下几何形体进行三视图绘制及尺寸标注。

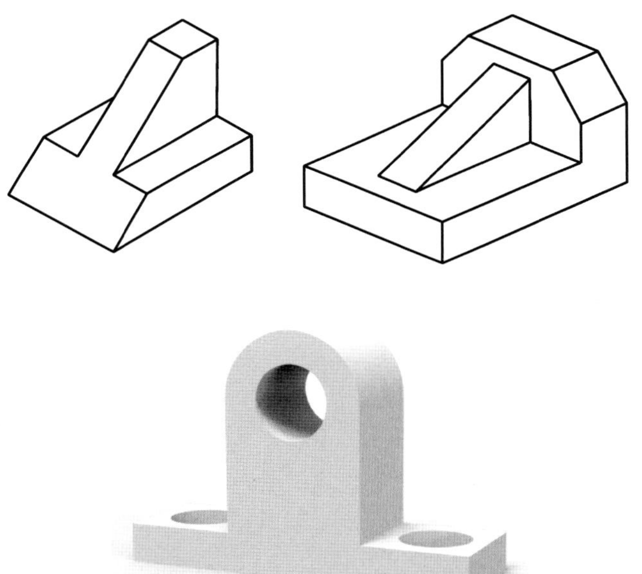

第五章

图样的基本表示法

在实际生产制造中，当物体的结构与形状较为复杂时，仅用三视图也很难将它们的结构特征准确、完整、清晰地表达出来。为此，国家制定了相应的制图标准，如《技术制图 图样画法 视图》(GB/T 17451—1998)、《机械制图 图样画法 视图》(GB/T 4458.1—2002)，规定视图、剖视图、断面图等的画法。本章将着重介绍工业与产品设计中常用的图样表达方法。

前文提到技术图样应采用正投影法绘制，优先使用第一角画法。在绘制图样时，首先考虑看图和读图方便，根据物体的结构特点选用适当的表达方法。在完整、清晰表达物体形状的前提下，力求制图简便。

5.1 视　　图

5.1.1 基本视图

基本视图是机件(零件)向基本投影面投影所得到的视图。为了清晰地表示机件的各个方面的外部形状，在原有的三面投影的基础上，再在机件的左方、前方和上方各增加一个投影面，组成一个正六面体，如前文中的图 3-18 所示。正六面体的六个投影面称为基本投影面。正六面体的六个投影面将机件包围在中间，将机件分别向六个基本投影面进行正投影，可得到六个基本视图，如图 5-1 所示。

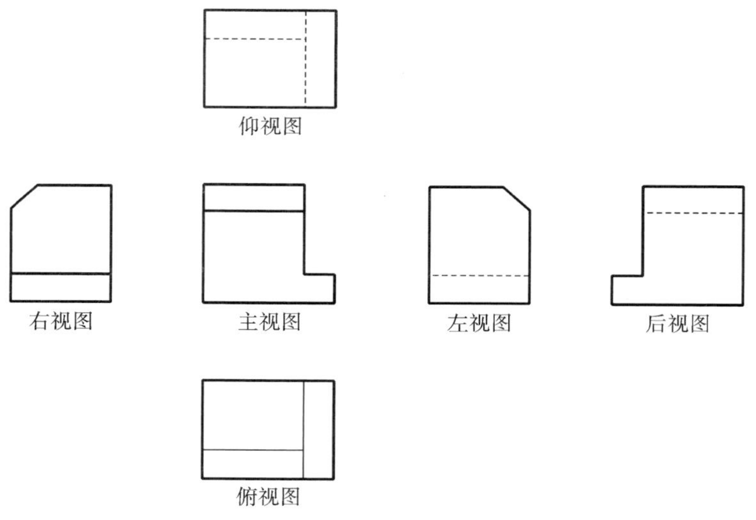

图 5-1　六个基本视图的配置

基本视图除基本的三个视图外，还包括从右向左投影所得的右视图、从下向上投影所得的仰视图、从后向前投影所得的后视图。六个基本投影面展开时，主视图的投影面仍保持不动，基本视图之间应保持投影对应关系。

根据国家标准的规定，在同一张图纸上，按基本视图的配置绘制六个基本视图时，视图的名称不需任何标注。需要注意的是：六个基本视图之间仍然要符合“长对正、高平齐、宽相等”的投影规律。虽有六个基本视图，但在选择表达方案时，应根据被表达的结构件的具体结构特点，选用视图数量最少，又能清楚表达结构件的结构特征的方案。一般情况下，可优先选用主视图、俯视图及左视图，也就是常常提到的三视图进行表达。

5.1.2 向视图

向视图是可自由配置的视图。如果一个物体的基本视图不按基本视图的规定配置，或不能画在同一张图纸上，则可画向视图。画向视图时，应在视图上方标注大写拉丁字母“*X*”（“*X*”为大写拉丁字母，从字母 A 开始顺序使用，下同），成为 *X* 向视图，在相应的视图附近用箭头指明投影方向，并注写相同的字母，如图 5-2 中 *A* 向视图、*B* 向视图和 *C* 向视图所示。

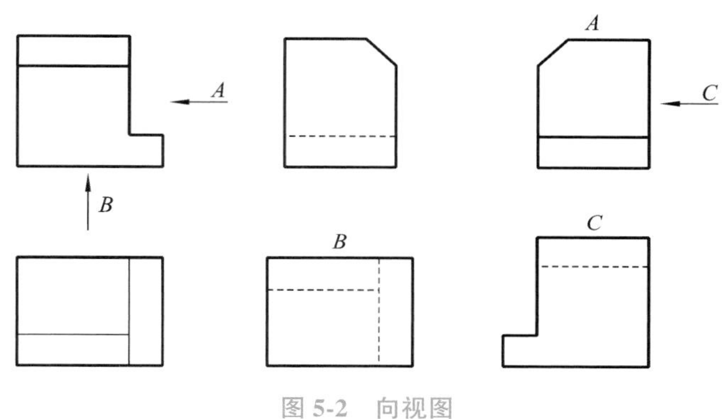

图 5-2 向视图

5.1.3 局部视图

局部视图是将物体的某一部分向基本投影面投影所得到的视图。当物体的某一局部形状未能表达清晰时，则可以采用局部视图表达，这样表达更为简练。

绘制局部视图时，一般应标注表示的部位和投影方向。当局部视图按投影关系配置，中间无其他视图隔开，可省略标注。局部视图若没有按照投影关系配置，应用字母与箭头指明所要表示的部位和投影方向，并在该局部视图上用相同的视图名称（相同的字母）标注清楚。

局部视图的范围边界通常使用波浪线或双折线表示。当所表达的局部结构完整、外轮廓线封闭时，波浪线可省略不画。所画波浪线不应超过轮廓线或不与轮廓线相交，也不应画在中空处，如图 5-3 所示。按向视图配置的局部视图如图 5-4 所示。

为了节省绘图时间和图幅，对称构件或零件的视图可只画一半或四分之一，并在对称中心线的两端画出两条与其垂直的平行细实线，如图 5-5 所示。

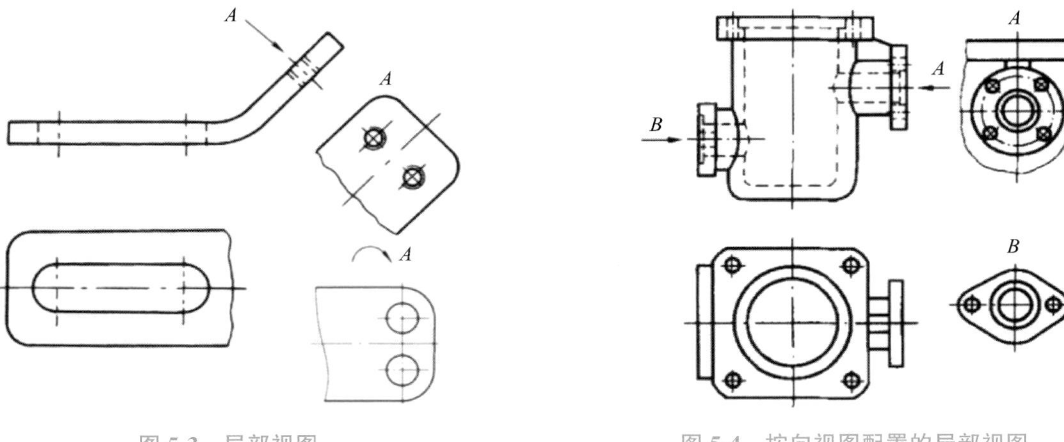

图 5-3　局部视图　　图 5-4　按向视图配置的局部视图

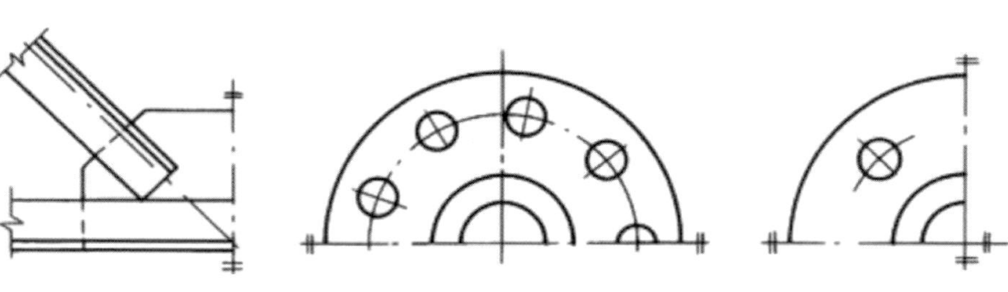

图 5-5　局部视图(对称构件或零件)

5.1.4　斜视图

斜视图是将物体向不平行于基本投影面投射所得的视图,斜视图通常用来表达机件倾斜结构的形状。

如图 5-6 所示,当机件上某局部结构不平行于任何基本投影面,在基本投影面上不能反映局部结构的实形时,可增加一个新的辅助投影面,使它与机件上倾斜结构的主要平面平行并垂直于一个新的基本投影面,然后将倾斜结构向辅助投影面投射,得到反映倾斜结构实形的视图,即斜视图。

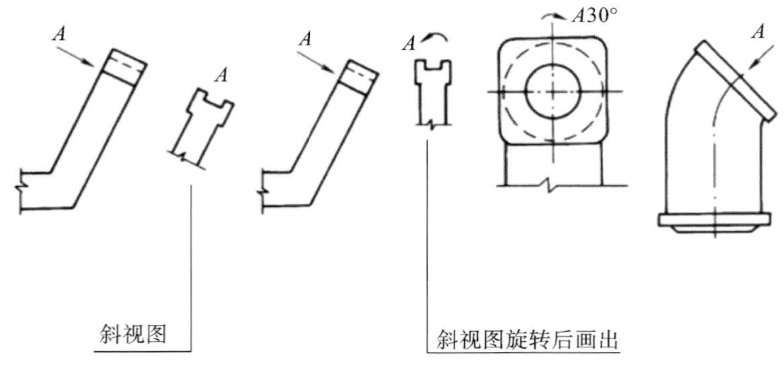

图 5-6　斜视图

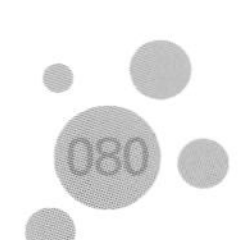

斜视图通常按向视图的配置形式配置并标注，必要时，允许将斜视图旋转配置，在旋转后的斜视图上方应标注大写英文字母及旋转符号，旋转符号的箭头方向应与斜视图的旋转方向一致，表示该视图名称的大写英文字母应靠近旋转符号的箭头端，如“*X* 向斜视图”。旋转符号示例如图 5-7 所示。

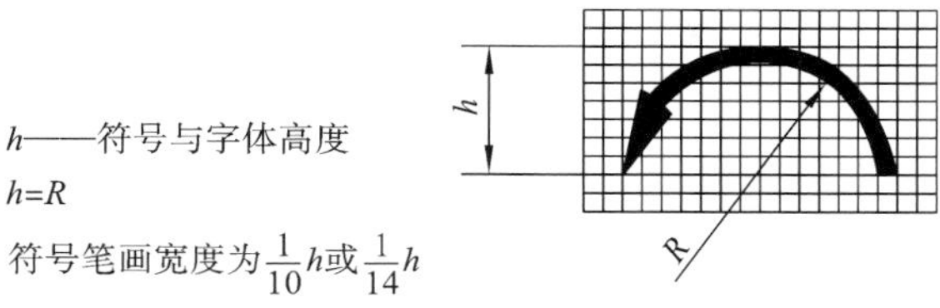

图 5-7 旋转符号示例

画斜视图时的注意事项如下。

(1)画出倾斜结构的实形后，机件的其余部分不必画出，此时在适当位置用波浪线或双折线断开即可。当局部结构的外轮廓线呈完整闭合的图形时，波浪线可省略不画。

(2)斜视图的配置和标注一般按向视图相应的规定，其图名和投影方向一般不允许省略，必要时允许将斜视图旋转配置。旋转放正画出斜视图标注时，应按向视图标注，且加注旋转符号，图名采用大写拉丁字母注写。

5.2 剖 视 图

当物体内部结构比较复杂时，不可见结构一般用虚线来表达，如孔、槽等。但当视图中虚线过多，影响读图及尺寸标注时，常用剖视图表达不可见结构。根据国家标准，物体的内部结构和形状可使用剖视图来表达。

我国现行剖视图和断面图的国家标准有《技术制图 图样画法 剖视图和断面图》(GB/ T 17452—1998)和《机械制图 图样画法 剖视图和断面图》(GB/ T 4458. 6—2002)，在《技术制图 图样画法 剖视图和断面图》(GB/ T 17452—1998)中介绍了剖视图、断面图的概念、分类以及剖视图和断面图的标注方法。在《机械制图 图样画法 剖视图和断面图》(GB/ T 4458. 6—2002)中主要介绍了在机械图样上的剖视图、断面图的画法规定和标注方法。

剖面区域的表示方法在《技术制图图样画法剖面区域的表示法》(GB/ T 17453—2005)中进行规定。

5.2.1 剖视图概念

假想用剖切面把物体剖开，移去观察者与剖切面之间的部分，将留下的部分向投影面投射，并在剖面区域内画出剖面填充，得到的图形即为剖视图。

剖切物体的假想平面或曲面称为剖切面，该剖切面一般不应平行于剖视图所在的投影面。剖视图相关概念如下。

(1)剖切区域：假想用剖切面剖开物体，剖切面与物体的接触部分。

(2)剖切线：指示剖切面位置的线。

注意：

剖切是假想的操作，实际上并没有切去机件的一部分，所以当物体的某一视图画成剖视图时，其他视图不受影响，仍然应按照物体完整时画出。

看图技巧：

编号在哪边就往哪边看。

5.2.2 剖切符号及剖面填充

画剖视图时，应在剖面区域内画上剖切符号，如图 5-8 所示。剖切符号是指示剖切面起、止和转折位置的符号，可以表达剖面区域的范围，短粗实线是剖切面聚集投影的示意表达。

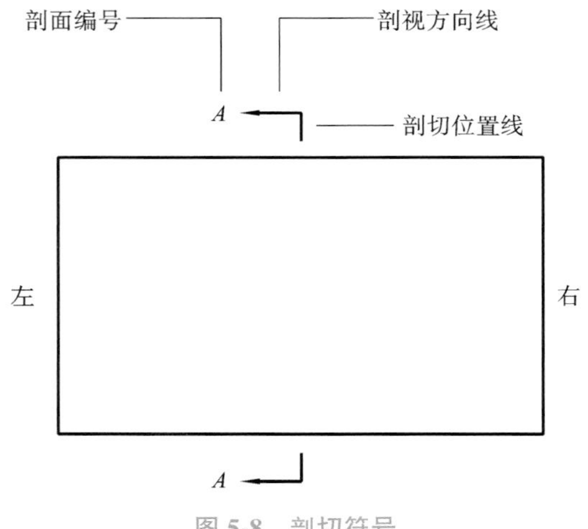

图 5-8 剖切符号

画图时，剖切符号画在空白处，不要与图形的轮廓线或其他图线相交。

在剖视图和断面图中，一般采用剖面填充表示剖面区域。金属材料、非金属材料等的剖面填充一般用剖面线绘制，并由国家标准指定的细实线来绘制，且与剖面或断面外轮廓成对称或相适宜的角度。

剖面线的间距应与剖面尺寸的比例相一致，应与国家标准所给出最小间距(0.7 mm)的要求一致。常用的剖面区域填充如表 5-1 所示。

表 5-1 常用的剖面区域填充

材料类型	填充样式	材料类型	填充样式
金属材料 (已有规定剖面填充者除外)		木质胶合板 (不分层数)	

续表

材料类型		填充样式	材料类型	填充样式
线圈绕组元件			基础周围的泥土	
转子、电枢、变压器和电抗器等的叠钢片			混凝土	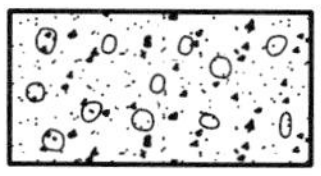
非金属材料（已有规定剖面填充者除外）			钢筋混凝土	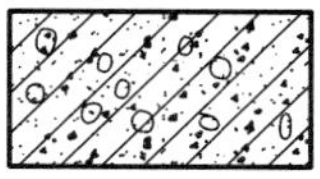
型砂、填砂、粉末冶金、砂轮、陶瓷刀片、硬质合金刀片等			砖	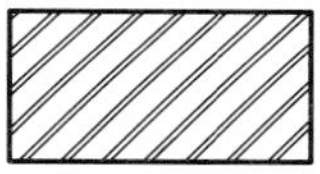
玻璃及供观察用的其他透明材料			格网（筛网、过滤网等）	
木材	纵剖面		液体	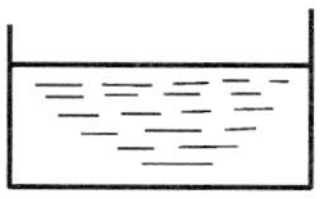
	横剖面			

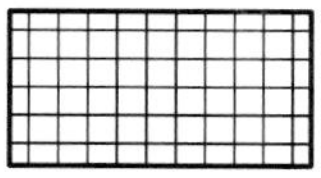

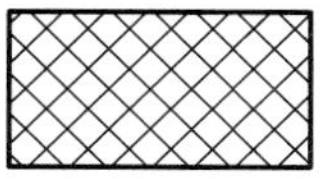

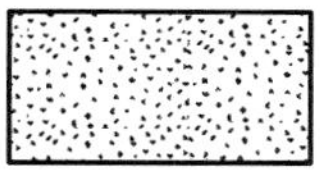

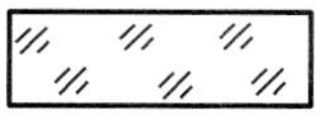

绘制剖面填充时的注意事项如下。

（1）表 5-1 所规定的剖面填充仅表示材料的类别，材料的名称和代号必须另行注明。

（2）叠钢片的剖面线方向，应与束装中叠钢片的方向一致。

（3）由不同剖面填充的材料嵌入或附着在一起的成品，用其中主要材料的剖面填充表示，如夹丝玻璃的剖面填充可用玻璃的剖面填充表示。

（4）在零件图中，也可以用涂色代替剖面填充。

（5）木材、玻璃、液体、叠钢片、砂轮及硬质合金刀片等的剖面填充，也可在外形视图中画出全部或一部分作为材料的标志。

（6）液体表面用细实线绘制。

当不需要在剖面填充中表示材料的类别时，剖面填充可采用通用的剖面线表示。通用的剖面线一般采用细实线绘制。剖面线的方向应与主要轮廓线或剖面区域的对称线成 45°，如图 5-9 所示。

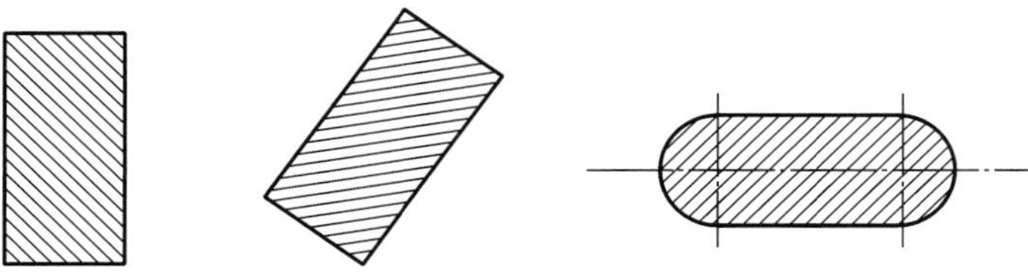

图 5-9　剖面线示例

如果图形的主要轮廓线与水平方向成 45°或接近 45°时，该图的剖面线应画成与水平方向成 30°或 60°，其倾斜方向仍应与其他视图的剖面线一致，如图 5-10 所示。

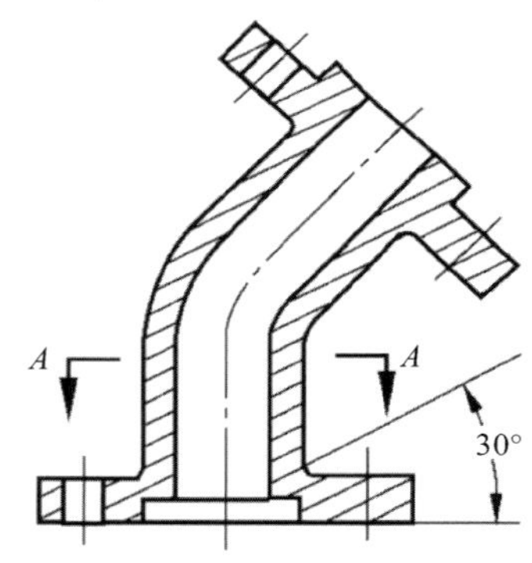

图 5-10　与水平方向成 30°的剖面线

在同一金属零件的图中，剖面线应画成间隔相等、方向相同且一般与剖面区域的主要轮廓或对称线成 45°的平行线，如图 5-11 所示。必要时，剖面线也可画成与主要轮廓线成适当角度的形式，如图 5-12 所示。

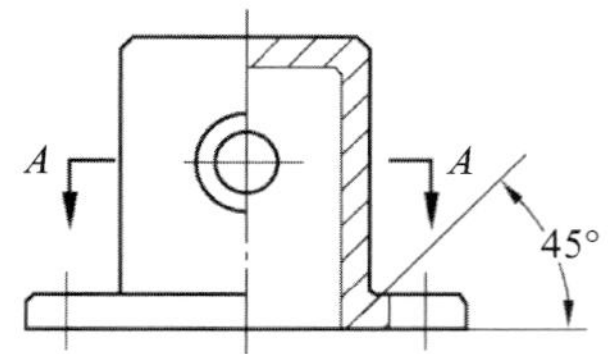

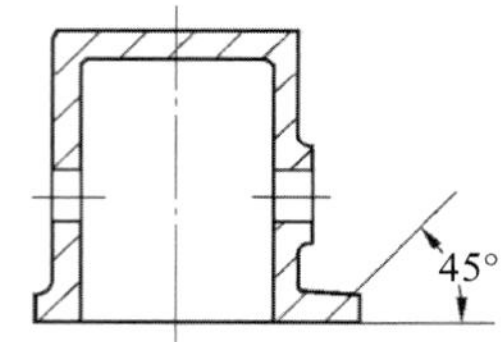

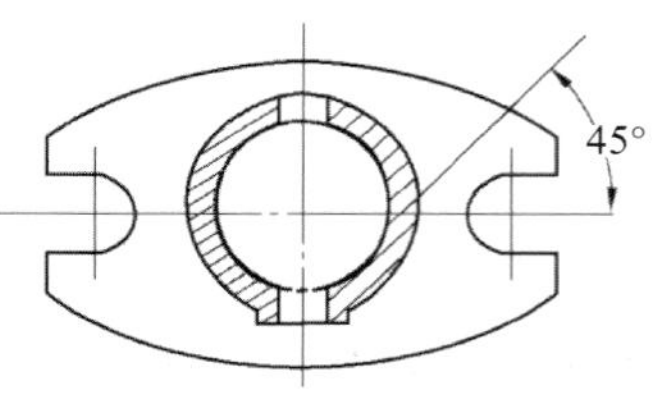

图 5-11　与主要轮廓线成 45°剖面线的应用示例

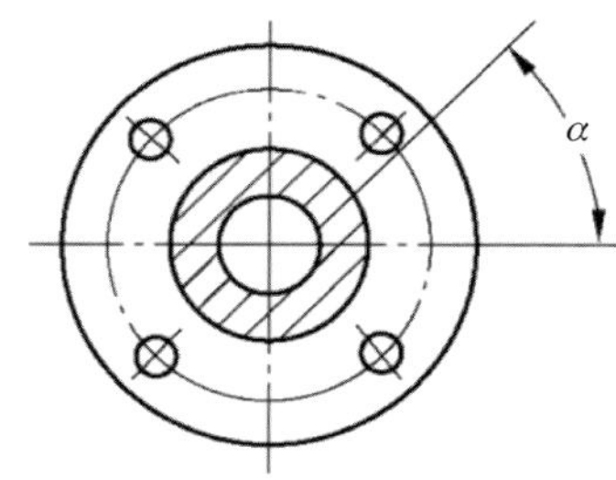

图 5-12　与主要轮廓线成适当角度剖面线的应用示例(α 为任意角度)

5.2.3　剖视图绘图步骤

1. 确定剖切面的位置

为了清楚表达物体内部结构,剖切面通常选取平行于剖视图所在的投影面,剖切面应通过物体内部结构(孔或槽)的对称平面或轴线,一般情况应通过尽量多的内部结构。

2. 画出剖视图

画出剖切面上内孔的形状和外轮廓线的投影,再画出剖切面后的可见轮廓线的投影,必须将剖切区域和剖切面后的可见轮廓线全部画出。

3. 画出剖面线及剖面填充

在剖面区域内画剖面填充,在同一张图样中,同一个物体的所有剖视图的剖面填充应该保持一致。剖面线及剖面填充须严格按照国家标准的规定绘制。

注意:

剖切面后的可见轮廓线应全部用粗实线画出,不得遗漏。当不可见轮廓线在其他视图能够表达清楚时,在剖视图上则可省略不画,如果不能清楚表达,则要画虚线。剖视图上已表达清楚的结构,其他视图上当此部分结构投影为虚线时,可省略不画。

5.2.4　剖视图标注

为了便于读图,在画剖视图时,应标出剖切符号和剖视图名称。一般应在剖视图上方用大写拉丁字母标出剖视图的名称“*X—X*”,字母一律水平书写,在相应视图上用剖切符号(粗短线)表示剖切位置,用箭头表示投影方向,并标注上同样的大写拉丁字母。剖视图标注要求如下。

(1)剖切符号用线宽为 5~10 mm 的粗短实线表示,并在相应的视图上表示出剖切面的位置。剖切符号应避免与图形轮廓线相交。

（2）在剖切符号的起止处，画出与之相垂直的箭头，表示剖切后的投影方向。

（3）当剖视图按投影关系配置，中间没有其他图形隔开时，可省略标注箭头，如图5-13所示。当单一剖切面通过物体的对称平面或基本对称的平面，剖视图按投影关系配置，中间没有其他图形隔开时，不用标注。

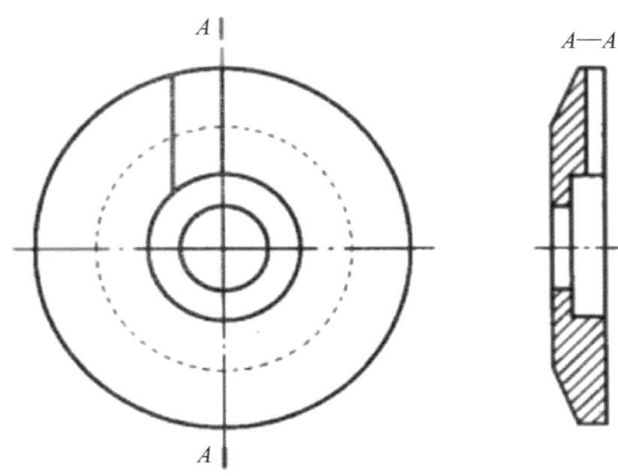

图5-13　省略标注箭头的剖视图

5.2.5　剖视图的种类

按照物体被剖切后的范围大小，剖视图可分为全剖视图、半剖视图和局部剖视图。

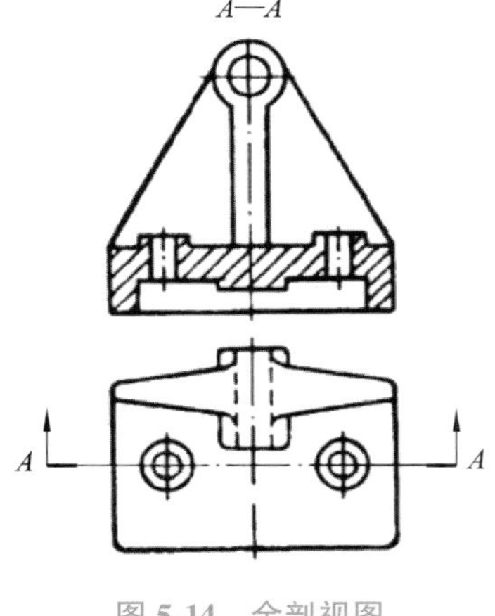

图5-14　全剖视图

1. 全剖视图

用剖切面完全地剖开物体所得的剖视图，称为全剖视图。全剖视图主要用于表达外形较为简单，但内部结构比较复杂的物体，或是内形复杂的不对称物体。外形已经在其他视图表达清楚的物体也可以采用全剖视图，如图5-14所示。

2. 半剖视图

当物体具有对称平面时，垂直于对称平面的投影面上投影所得的图形，可以对称中心线为界，一半画成剖视图，另一半画成外形视图，这种剖视图称为半剖视图。

半剖视图用于内外形比较复杂且都需要被表达的对称物体。当物体的形状接近对称，且不对称部分已在其他视图上表示清楚时，也可采用半剖视图，如图5-15和图5-16所示。

绘制半剖视图时的注意事项如下。

在半剖视图中，半个外形视图和半个剖视图的分界线应画成细点画线，不能画成粗实线。在半剖视图中，物体的内部形状已在半个剖视图中表达清楚，所以在表达外形的那一半视图中，该部分的虚线应省略不画。

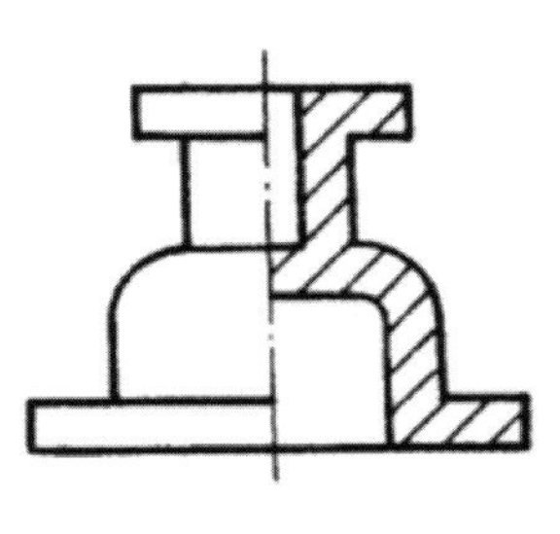

图 5-15 半剖视图 1

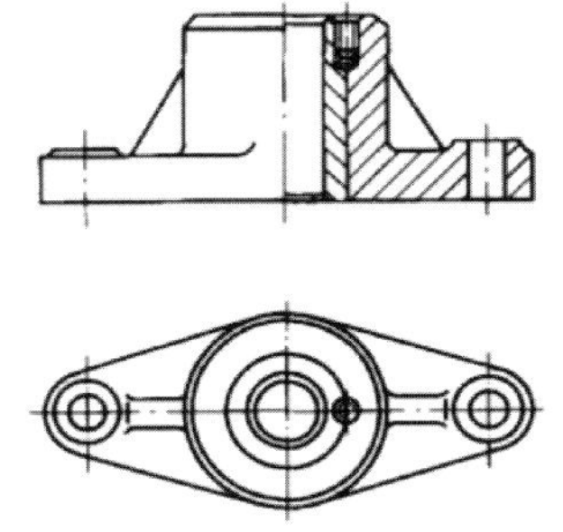

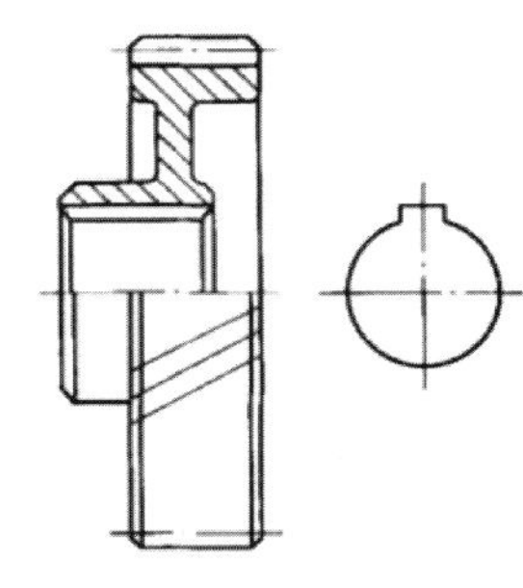

图 5-16 半剖视图 2

3. 局部剖视图

用剖切面局部地剖开物体所得的剖视图，称为局部剖视图。视图与剖视的分界线为波浪线或双折线，如图 5-17 所示。局部剖视图主要用于物体内外结构形状都比较复杂且不对称的情况。物体上有局部结构需要表示时，也可用局部剖视图。当对称图形的中心线与图形轮廓线重合时，不宜采用半剖视图，应采用局部剖视图。

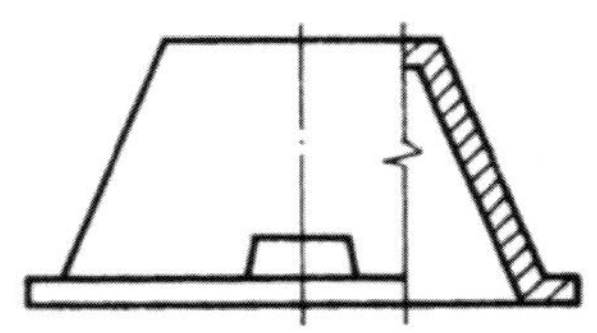

图 5-17 局部剖视图

绘制局部剖视图时的注意事项如下。

(1)局部剖视图用波浪线或双折线分界，波浪线、双折线不应和图样上其他图形重合，也不应画在轮廓线的延长线上。

(2)当被剖物体为回转体时，允许将该结构的轴线作为局部剖视图与外形视图的分界线。

(3)若中心线与粗实线重合，不宜采用半剖视图，可采用局部剖视图。

(4)当单一剖切面的剖切位置明显时，可省略局部剖视图的标注。

局部剖视是一种比较灵活的表达方法，在一个视图中，局部剖视的数量不宜过多，以免使图形过于凌乱。

5.2.6 剖切面的分类和剖切方法

1. 单一剖切面

(1)用平行于某一基本投影面的平面剖切。

前面所讲的全剖视图、半剖视图和局部剖视图，都是用平行于某一基本投影面的剖切面剖开机件后得出的，这种剖切方法是最常用的剖切方法，如图 5-18 和图 5-19 所示。

(2)用柱面剖切。

一般用单一剖切面剖切的机件，也可用单一柱面剖切机件。采用单一柱面剖切机件时，剖视图一般应按展开绘制，如图 5-20 所示。

《机械制图 图样画法 剖视图和断面图》(GB/T 4458.6—2002)规定：采用柱面剖切物体时，剖视

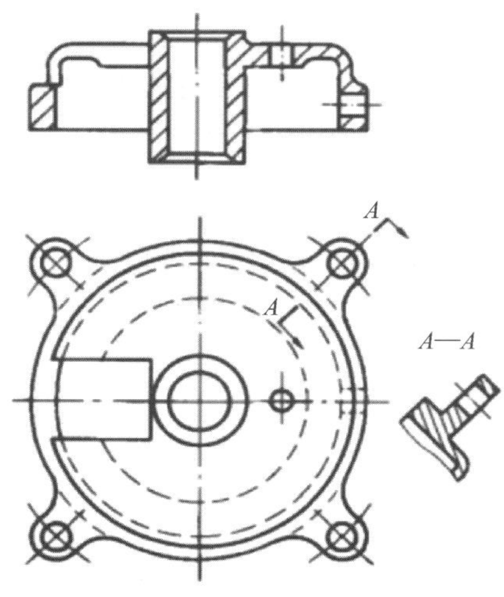

图 5-18 单一剖切面获得的剖视图 1

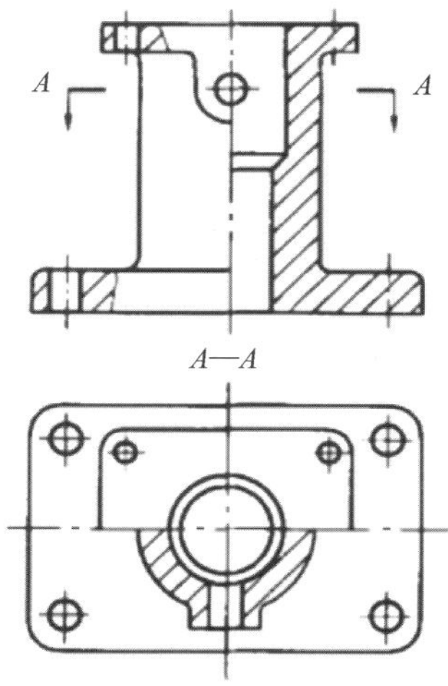

图 5-19 单一剖切面获得的剖视图 2

图应按展开绘制。如图 5-21 中的 *B—B* 展开视图所示，将采用柱面剖切后的机件展开成平行于投影面后，再画出其剖视图，并在图名后加注“展开”两字。图 5-20 中的 *A—A* 剖视图的剖切符号，因图形按投影关系配置，中间又没有图形隔开，所以可以省略不画表示投影方向的箭头。

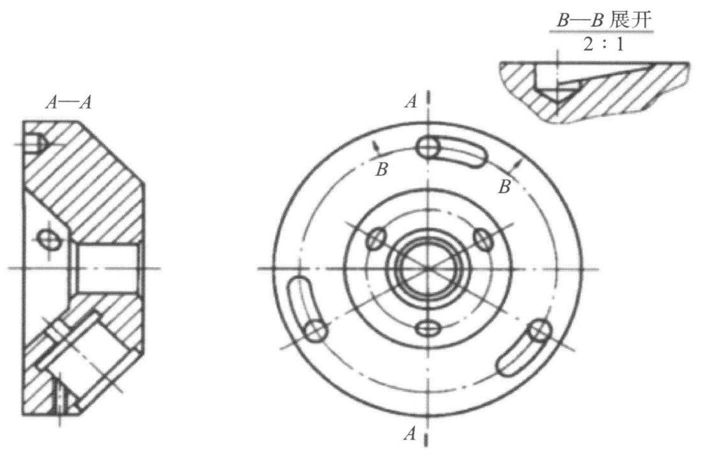

图 5-20 单一柱面剖切获得的剖视图

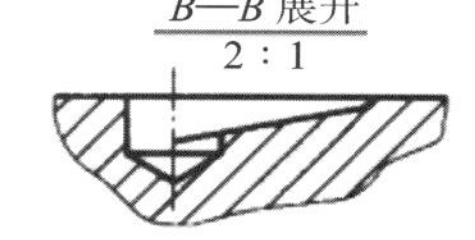

图 5-21 剖视图 *B—B* 展开

(3)用不平行于任何基本投影面的剖切面剖切。

用不平行于任何基本投影面的剖切面剖开机件的方法，习惯上称为斜剖。

斜剖视图适用于物体的倾斜部分需要剖开以表达内部实形的场合，并且内部实形的投影是采用辅助投影面法得到的，因为它的基本轴线与底板不垂直。为了清晰表达物体的形状与结构，宜用斜剖视图表达。

为了读图清晰，合理布局图幅位置关系，必要时，可将斜剖视图画到图纸的其他地方，并允许将视图旋转，剖视图名称的后面加注“旋转”二字。

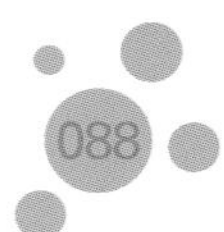

2. 多个平行剖切面

用多个平行剖切面获得的剖视图如图 5-22 所示。采用这种方法画剖视图时，在图形内不应出现不完整的要素，仅当两个要素在图形上具有公共对称中心线或轴线时，可以各画一半，此时应以对称中心线或轴线为界进行剖切，如图 5-23 所示。

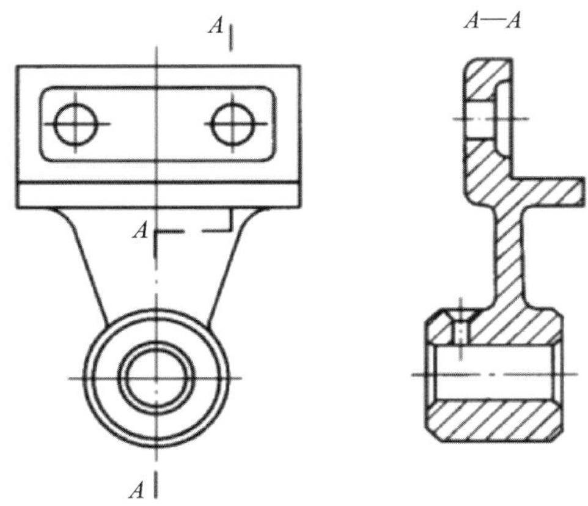

图 5-22　用多个平行剖切面获得的剖视图

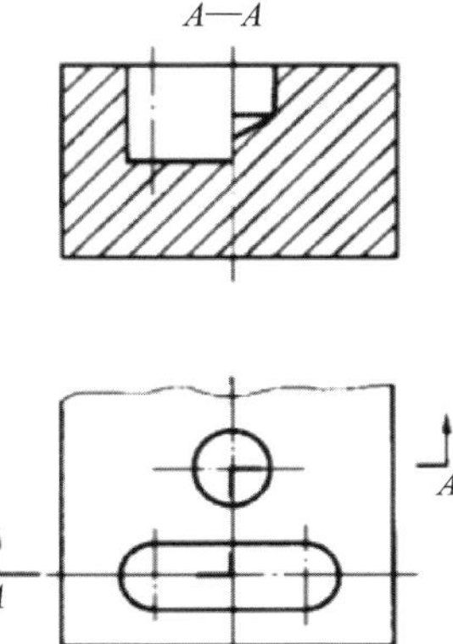

图 5-23　具有公共对称中心线的剖视图

采用多个平行剖切面剖开机件的方法画剖视图时应注意下列问题。

(1) 剖切面转折处不画线，也不应与机件轮廓线重合。

(2) 剖切面不得互相重叠。

(3) 剖视图内不应出现不完整要素，仅当两个要素在图形上具有公共对称中心线或轴线时，可以各画一半，并以对称中心线或轴线为分界线。

3. 多个相交剖切面(交线垂直于某一投影面)

用多个相交剖切面(交线垂直于某一基本投影面)获得的剖视图应旋转到一个投影平面上，如图 5-24、图 5-25 所示。采用这种方法画剖视图时，先假想按剖切位置剖开物体，然后将被剖切面剖开的

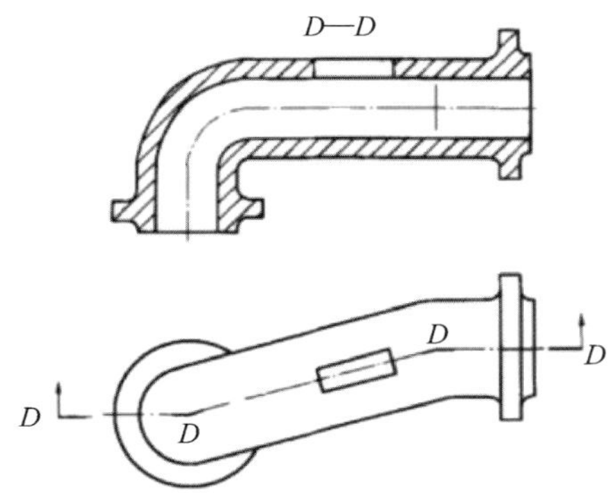

图 5-24　用多个相交剖切面获得的剖视图 1

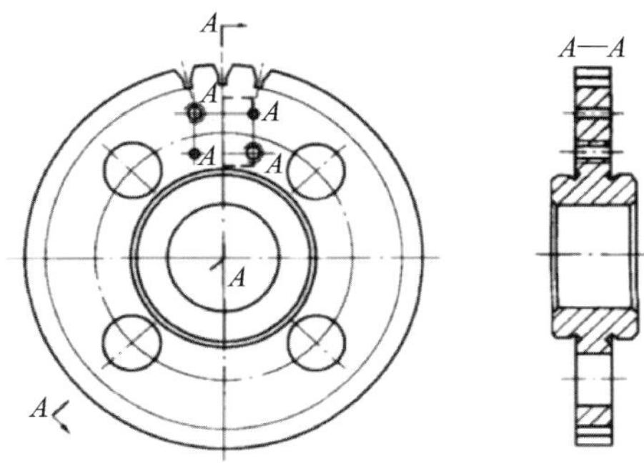

图 5-25　用多个相交剖切面获得的剖视图 2

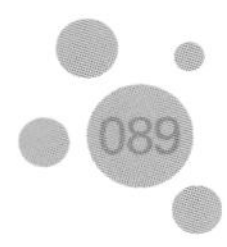

结构及其有关部分旋转到与选定的投影面平行后再进行投射，如图 5-26 ~ 图 5-28 所示；或者展开绘制，此时应标注"*X*—*X* 展开"（*X* 代表剖切方向），如图 5-29 所示。在剖切面后的其他结构，一般仍按原来位置投射，如图 5-30 所示。

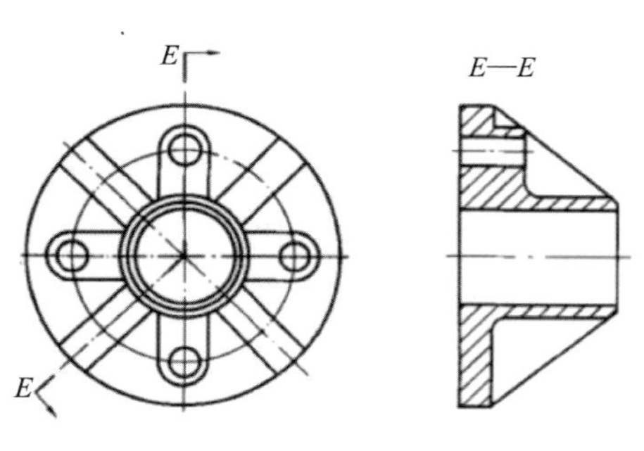

图 5-26　旋转绘制的剖视图 1

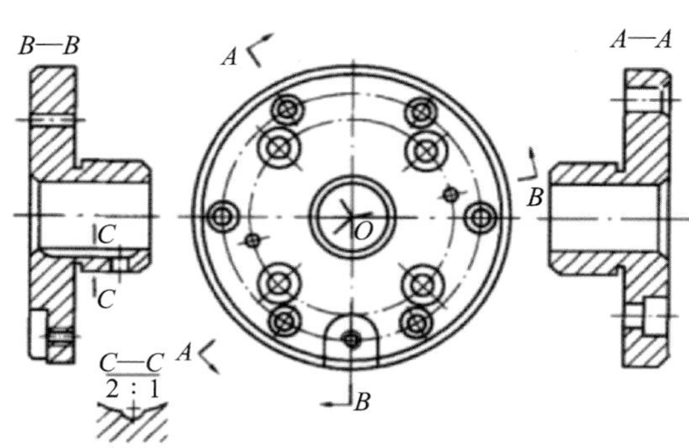

图 5-27　旋转绘制的剖视图 2

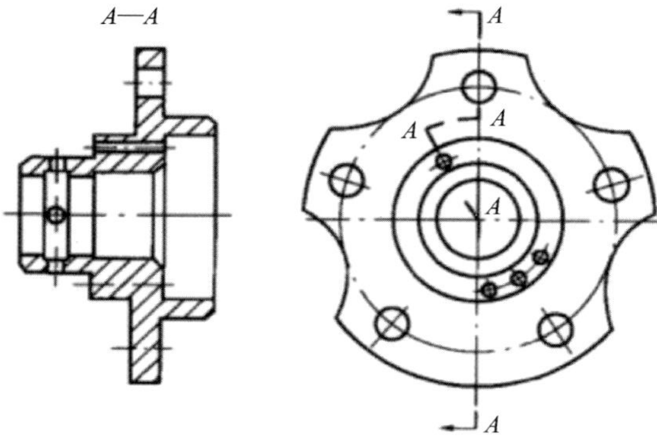

图 5-28　旋转绘制的剖视图 3

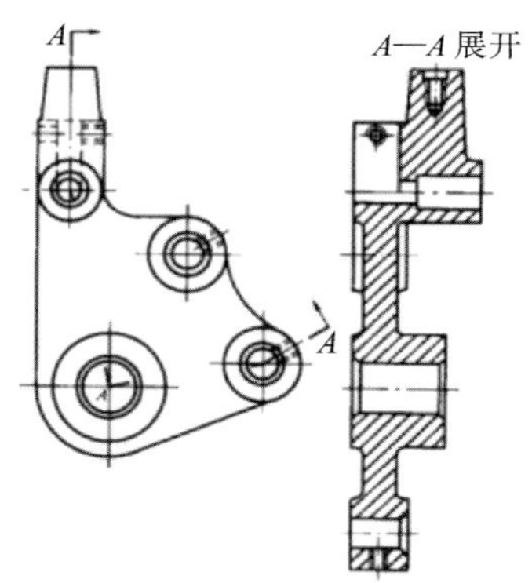

图 5-29　展开绘制的剖视图

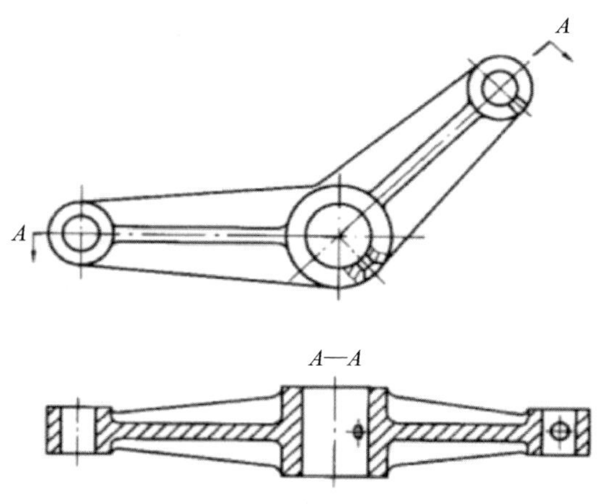

图 5-30　剖切面后其他结构的处理

4. 组合剖切面剖切

当物体形状比较复杂,用阶梯剖或旋转剖仍不能完全表达清楚时,可采用组合剖切面剖开物体的方法来表达。这种剖切方法称为复合剖,所画出的剖视图称为复合剖视图。复合剖视图必须进行标注,其标注方法与旋转剖类似。

5.3 断 面 图

假想用剖切面将物体的某处切断,仅画出该剖切面与物体接触部分的图形,这个图形称为断面图,也可简称为断面。断面图常用于表达结构件上某些结构(如凹凸不平的表面、孔、肋板等)的断面形状。断面表示的是物体局部结构正断面的形状,剖切面应垂直于该结构的主要轮廓线或轴线。

断面图与剖视图的区别如下。

(1)断面图只画出物体的断面形状,而剖视图是可见轮廓线的投影,也要画出,如图 5-31 所示。

(2)剖视图是形体剖切之后剩下部分的投影,是体的投影。断面图是形体剖切之后断面的投影,是面的投影。剖视图中包含断面图。

(3)剖视图用剖切位置线、剖视方向线和剖面编号来表示。断面图则只画剖切位置线与剖面编号,用剖面编号的注写位置来代表投影方向。

(4)剖视图可用两个或两个以上的剖切面进行剖切,断面图的剖切面通常只能是单一的。

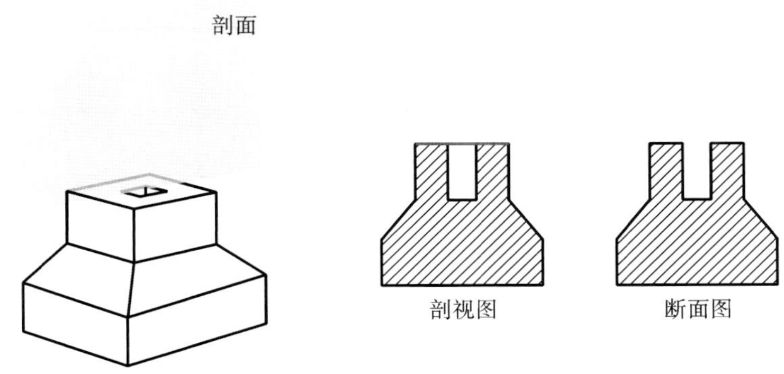

图 5-31 剖视图和断面图的区别

5.3.1 断面图分类

断面图分为移出断面图和重合断面图,通常也简称移出断面和重合断面。

1. 移出断面图

移出断面图的图形应画在视图之外，轮廓线用粗实线绘制，配置在剖切线的延长线上或其他适当的位置，如图 5-32、图 5-33 所示。

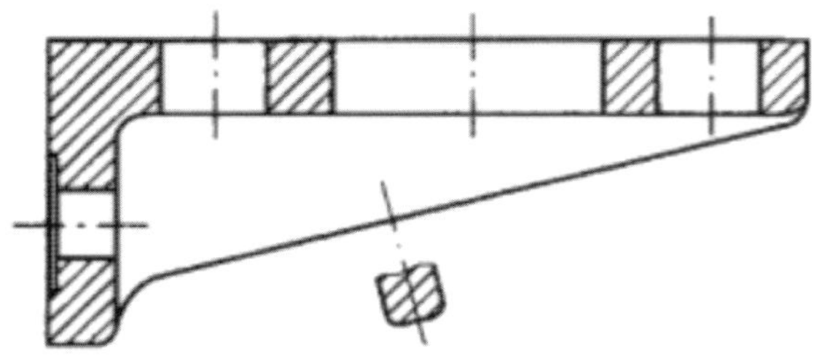

图 5-32　移出断面图 1

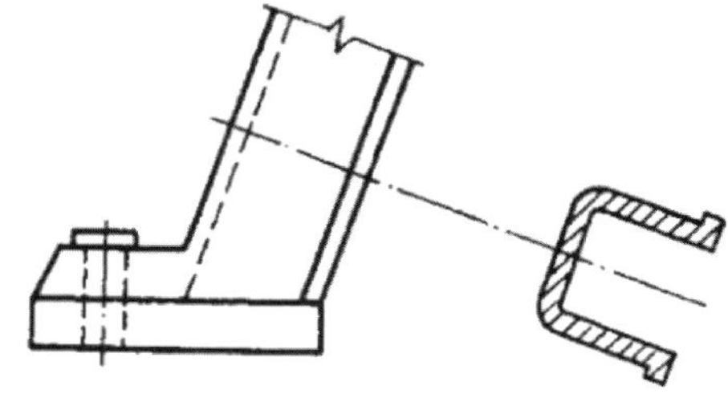

图 5-33　移出断面图 2

平面与投影面的交线称为迹线。剖切面迹线是指垂直于投影面的剖切面与投影面的交线，此交线即是剖切面的积聚投影，必要时也可配置在其他适当位置。

当断面图形对称时，还可画在视图的中断处，还可按照投影关系配置，如图 5-34 所示。

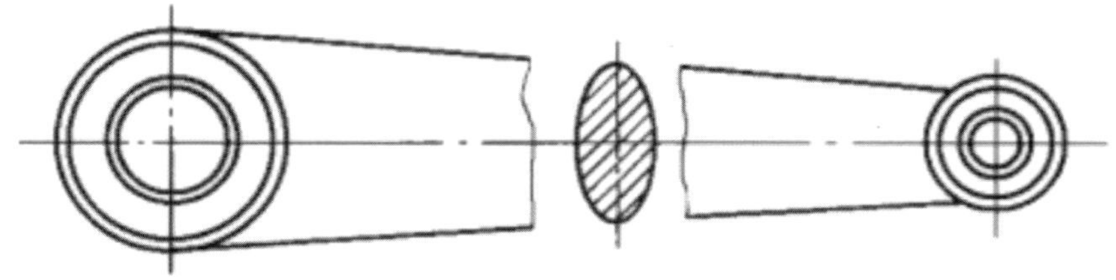

图 5-34　配置在视图中断处的移出断面图

在不引起误解时，允许将图形旋转，其标注形式如图 5-35 所示。

由多个相交剖切面剖切得出的移出断面图，中间一般应断开，如图 5-36 所示。

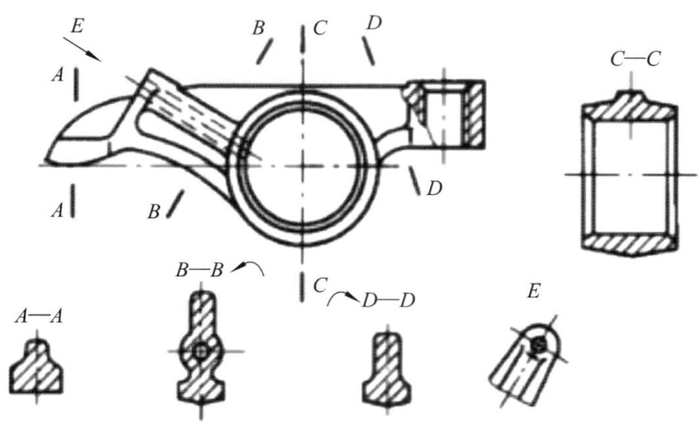

图 5-35　配置在适当位置的移出断面图

图 5-36　断开的移出断面图

当剖切面通过由回转面形成的孔或凹坑的轴线时，这些结构应按剖视图要求绘制，如图 5-37 和图 5-38 所示。

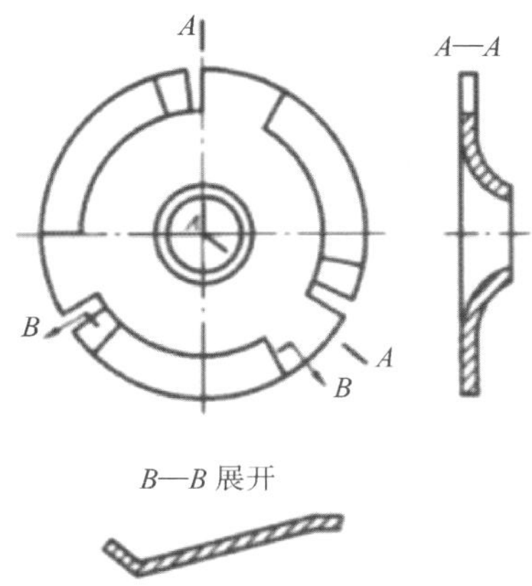

图 5-37 按剖视图要求绘制的移出断面图 1

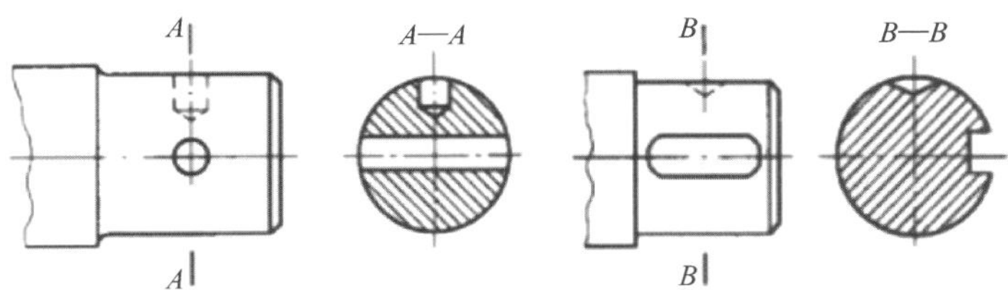

图 5-38 按剖视图要求绘制的移出断面图 2

当剖切面通过非圆孔，导致出现完全分离的断面时，则这些结构应按剖视图要求绘制，如图 5-39 所示。

为便于读图，逐次剖切的多个断面图可按图 5-40、图 5-41 的形式配置。

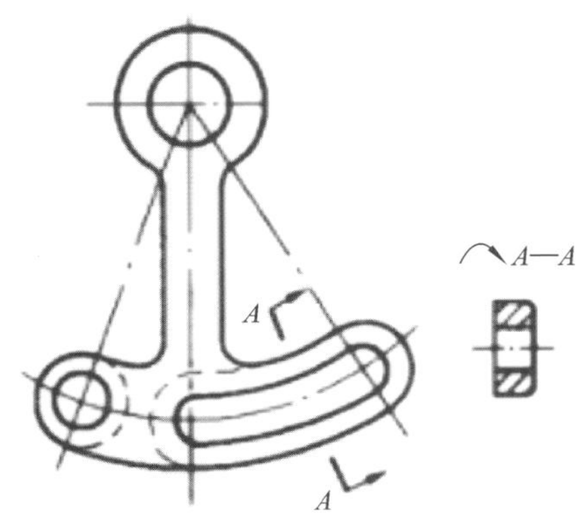

图 5-39 按剖视图要求绘制的移出断面图 3

2. 重合断面图

在不影响图样清晰度的条件下，断面也可以按投影关系画在视图内。画在视图内的断面称为重合断面。

重合断面的轮廓线采用细实线绘制。当视图中的轮廓线与重合断面图形重叠时，视图中的轮廓线仍应连续画出，不可间断。对称的重合断面不必画出，如图 5-42 所示。

5.3.2 断面图的标注与画法

一般应用大写的拉丁字母标注出断面图的名称“X—X”，在相应的视图上用剖切符号表示剖切位置和剖视方向（用箭头表示），如图 5-43 所示，并标注相同的字母，如图 5-44 所示，剖切符号之间的剖切线可省略不画。

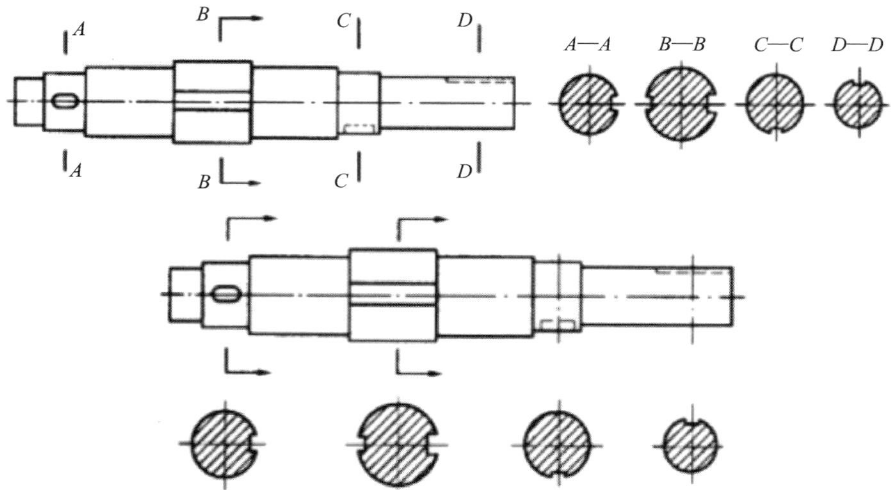

图 5-40　逐次剖切的多个断面图的配置 1

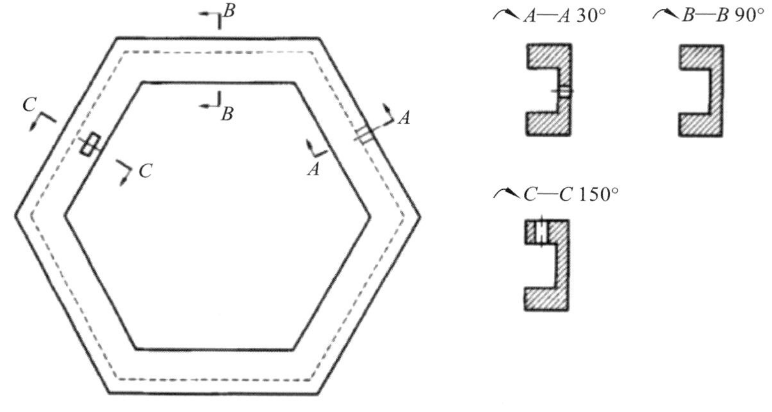

图 5-41　逐次剖切的多个断面图的配置 2

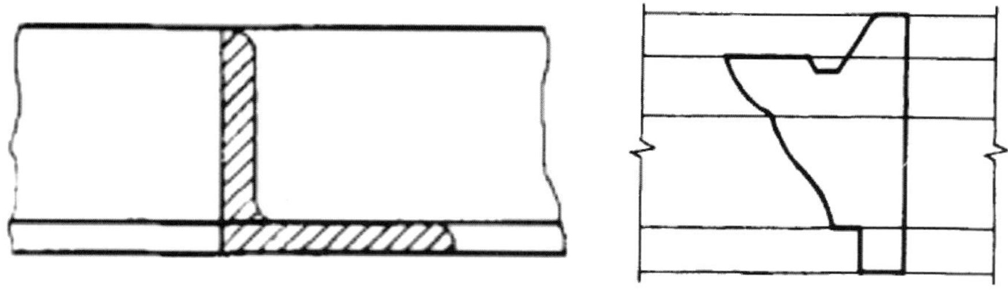

图 5-42　重合断面图

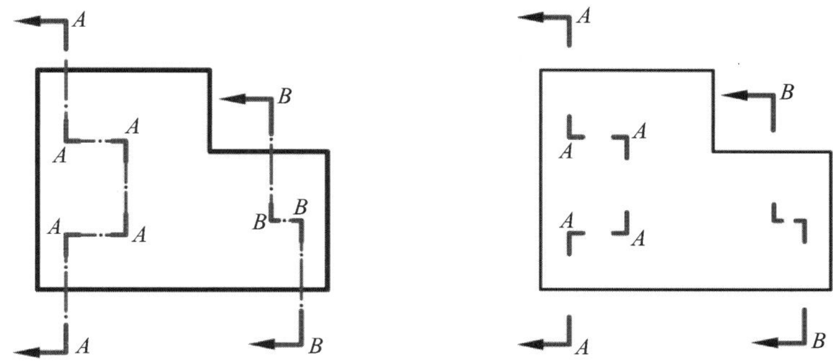

图 5-43 断面图的剖切位置和剖视方向

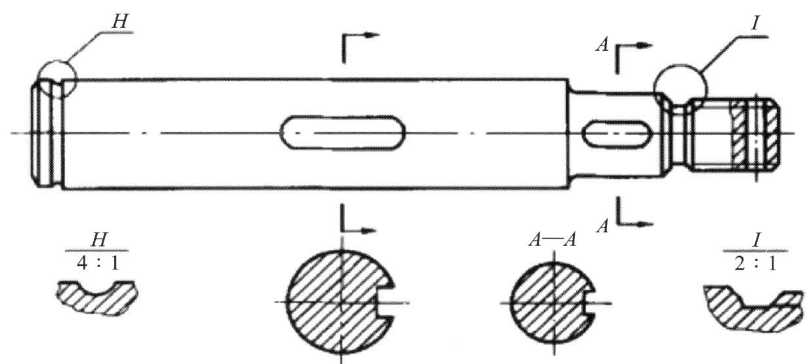

图 5-44 移出断面图标注

配置在剖切符号延长线上的不对称移出断面不必标注字母。不配置在剖切符号延长线上的移出断面(如图 5-45 中 *A*—*A*、*C*—*C* 和 *D*—*D*)以及按投影关系配置的移出断面,一般不必标注箭头。

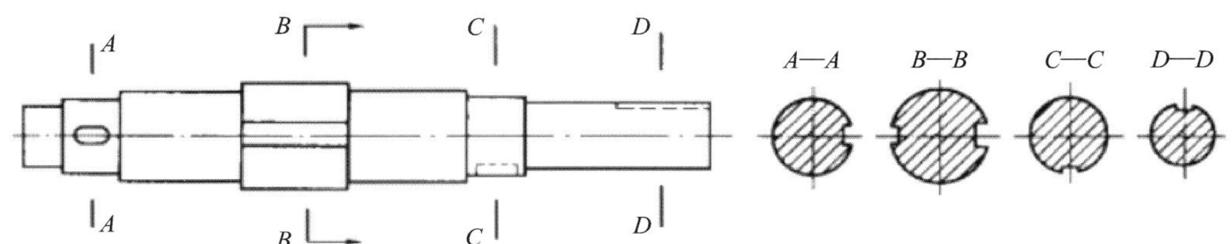

图 5-45 不必标注箭头的移出断面图

配置在剖切线延长线上的对称移出断面不必标注字母和箭头,如图 5-46 及图 5-47 右边的两个断面图所示。

不对称移出断面必须画出剖切位置的剖切符号以及表示剖切方向的箭头,可省略字母,如图 5-48 所示。对称的重合断面不必进行标注,其对称线即是剖切面迹线,如图 5-49 所示。

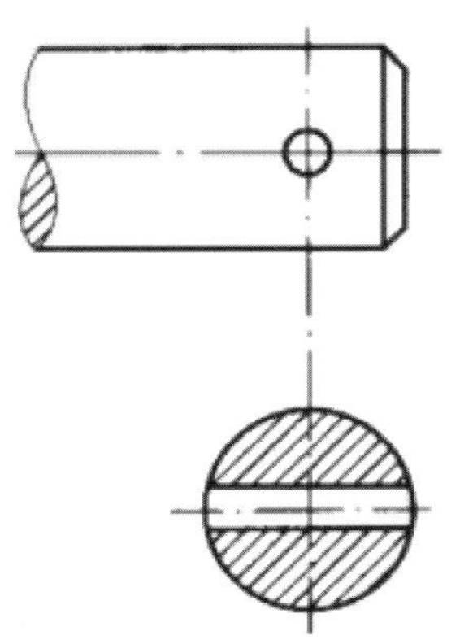

图 5-46　不必标注箭头和字母的移出断面图 1

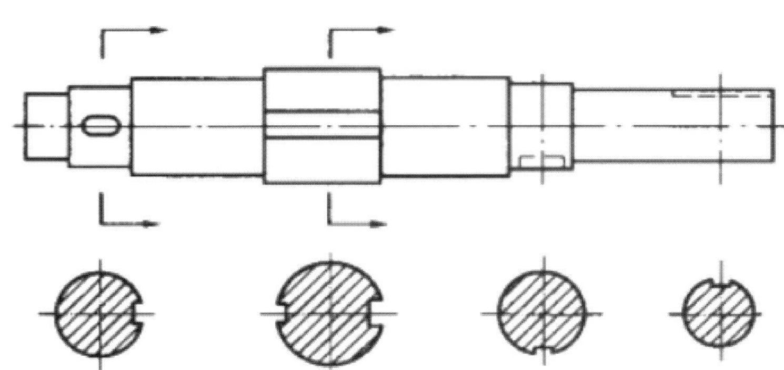

图 5-47　不必标注箭头和字母的移出断面图 2

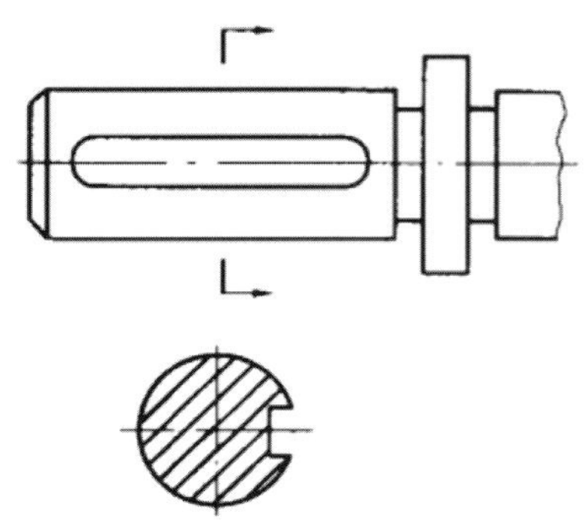

图 5-48　省略字母的不对称移出断面图

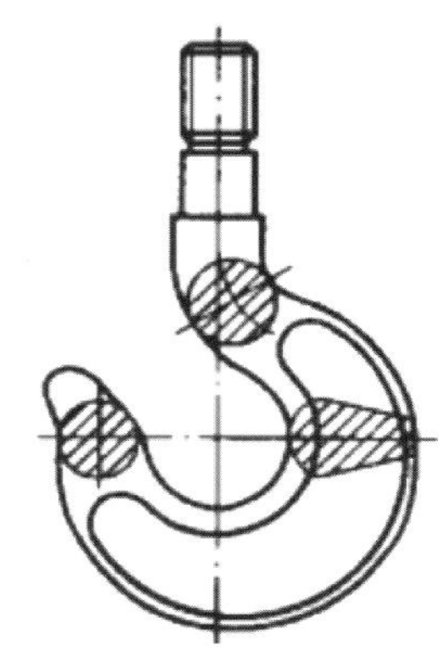

图 5-49　不必进行标注的断面图

Chanpin Sheji Zhitu Jichu

第六章

零件图与装配图

一件工业产品从创意、设计到生产制造，再到使用是一段较长的过程。每一个生产步骤都是息息相关且环环相扣的，目的是希望产品能够通过设计来解决问题。在这个过程中，生产制造是设计创意落地的关键环节。从草图创意到生产制造，设计方案的每一个零件都需要经历设计、制造、检验和装配，再到使用和维护等一系列环节，每个步骤中都可能会用到不同的图样，这些图样一般称为工程图样，最重要的图样之一就是零件图。

零件图是生产过程中主要的技术文件，也是设计部门提交给生产部门重要的技术文件，同时还是制造和检验零件的重要依据。零件图也是产品（零件）的制造要求，是产品（零件）加工制造和检验时所包含的技术信息。

6.1 零 件 图

6.1.1 零件图内容

零件图应包含以下四个部分。

1. 一组视图

用一组视图（包括视图、剖视图、断面图等各种相关国家标准规定的表达方法）完整、清晰、正确地表达出零件图的内外结构和形状。

2. 完整的尺寸

零件图应正确、完整、清晰、合理地标注产品（零件）在制造和检验时所需要的全部尺寸。

3. 技术要求

用规定的符号、代号、标记和简要的文字表达出产品（零件）制造和检验时所应达到的各项技术指标和要求。

4. 标题栏

在标题栏中一般应填写单位名称、图名（产品或零件的名称）、材料、质量、比例、图号，以及设计、审核批准人员的签名与日期等。学生作业自行绘制的标题栏仍需按国家标准要求绘制。

6.1.2 零件图的视图

1. 零件图的视图选择

零件图的视图选择原则是用一组合适的视图，在正确、清晰、完整地表达产品（零件）内外结构形状和相互位置的前提下，尽量减少图形数量，便于读图和绘图。

（1）主视图的选择。

主视图是一组视图的核心，主视图在表达零件的结构形状、绘图和读图中起主导作用。主视图的选择是否合理将直接影响其他视图的选择和看图是否方便，甚至会影响到整个图幅是否合理利用。

根据国家标准《技术制图 图样画法 视图》（GB/T 17451—1998）中的有关规定，表示物体信息量最多的那个视图应作为主视图。一般来说，零件图主视图的选择应满足“加工位置”和“工作位置”两个基本原则。

①加工位置。加工位置是指产品（零件）在主要加工工序中的装夹位置，选取主视图时，主视图与加工位置（方向）应一致，便于看图和读图。

②工作位置。工作位置是指产品（零件）在机器中或部件中安装和工作时的位置，若主视图的位置和零件工作位置一致，那么能够较为容易地将零件图和零件在装配图中的位置关系联系起来，方便掌握零件的工作状态、形状结构及性能等要求，从而方便读图和识图。

（2）确定主视图的投影方向。

当零件的安放位置确定以后，选择能够比较明显地反映该零件各部分结构形状和它们之间相对位置的一面作为主视图，从而选定主视图的投影方向。

2. 视图表达的选择

主视图确定以后，要分析该零件在主视图上还有哪些尚未表达清楚的结构，对这些结构应选用其他视图，并采用各种方法表达出来，使每个视图都有表达的重点，几个视图互相补充且不重复。

在选择视图时，优先选用基本视图，并在基本视图上进行适当的剖视，在充分表达清楚零件结构形状的前提下，尽量减少视图数量，力求制图和读图简便。

6.1.3 零件的尺寸标注

1. 零件图的尺寸标注

零件图中的尺寸是加工和检验零件的重要依据，所以零件图上的尺寸标注除了正确、完整、清晰，还应尽可能合理。

尺寸标注合理，即所标注尺寸既要符合设计要求，又必须满足加工工艺的要求，以便于零件的加

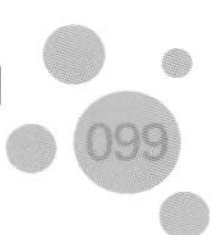

工、测量和检验。为了合理标注尺寸，须了解零件在装配中的位置关系及采用的加工方式，然后选择合适的尺寸基准。

（1）主要尺寸直接注出。

主要尺寸是指直接影响零件在机器或部件中的工作性能和准确位置的尺寸，包括零件的规格尺寸、连接尺寸、安装尺寸及确定零件之间位置的尺寸等。

（2）合理的尺寸基准。

尺寸基准，即标注或量取尺寸的起始点。产品（零件）都有长、宽、高三个方向的尺寸，每个方向至少要选择一个尺寸基准。一般使用产品（零件）上的点、线（轴线、中心线、回转轴线）、面（加工面、对称面、重要支撑面、安装底平面、端面）等作为尺寸基准。

根据作用不同，基准分为设计基准和工艺基准。设计基准是根据零件结构特点和设计要求而选定的基准，用来确定零件在部件中准确位置的基准，常选其中一个设计基准作为尺寸标注的主要基准。工艺基准是为便于加工和测量而选定的基准，包括加工时确定零件装夹位置和加工工具位置的一些基准。工艺基准有时会和设计基准重合，不重合时工艺基准又称为辅助基准。

零件在同一方向有多个尺寸基准时，主要基准只有一个，其余均为辅助基准，辅助基准必有一个尺寸与主要基准相联系，该尺寸称为联系尺寸。

选择基准的原则：尽可能使设计基准与工艺基准保持一致，以减少两个基准不重合而引起的尺寸误差。当设计基准与工艺基准不一致时，应以保证设计要求为主，将重要尺寸从设计基准注出，次要尺寸从工艺基准注出，以便加工和测量。

（3）合理标注尺寸。

功能尺寸是指直接影响零件装配精度和工作性能的尺寸，这类尺寸应从设计基准直接注出，而不是用其他尺寸计算得出。

封闭的尺寸链是指一个零件同一方向上的尺寸是连续的，即从一个始点开始，一个尺寸接一个尺寸，最后形成封闭形状的情况。标注尺寸时应该避免出现封闭尺寸链，原因是每个尺寸在加工后都会存在误差，而误差的总和会影响最后的设计要求，所以应选一个次要尺寸空出不注，便于所有的尺寸误差积累到这一段，保证主要尺寸的精确。

尺寸标注应以便于加工、测量和制造为目的。尺寸标注须考虑加工和看图时的便利性，不同加工方法所用尺寸应分开标注，便于看图和加工。图6-1中，上面的尺寸标注是车削尺寸，也就是说车削工艺主要看上面的尺寸；下面的尺寸为铣削工艺主要用的尺寸。

尺寸标注时，须考虑到加工过程中测量的便利性，如果有些尺寸的一个界线在零件的内部，测量时无法接触到，就不能准确加工；需要标注尺寸的孔径（直径或半径）太小，测量工具有限，有时候该尺寸无法得出，可选择其他测量基准。

零件的内、外尺寸尽可能分开标注，外部结构的尺寸标注在视图上方，内部结构的尺寸标注在视图下方。不同工种（加工）的尺寸可分开标注，如图6-1所示。

2. 尺寸标注的基本步骤

首先对产品（零件）进行分析，分析其结构形状和功能作用，与其他零件之间的配合关系及其加工

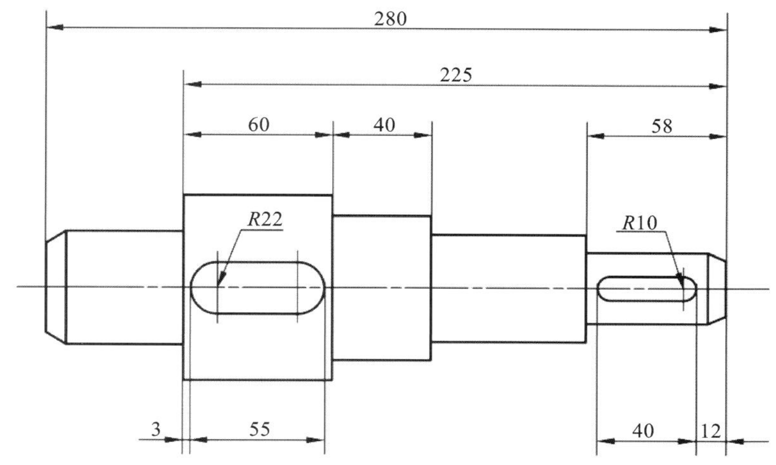

图 6-1 不同加工方法标注

工艺,选择尺寸基准,可参考前文。然后进行功能尺寸的标注,以及其他尺寸的标注。最后检查,对每一个产品(零件)的尺寸按照国家标准和规范进行标注,做好查漏补缺。

6.1.4 零件图识读

零件图是生产中指导制造和检验零件的主要图样,它不仅应该将产品(零件)的材料,内、外结构,形状和大小表达清楚,而且还需要对产品(零件)的加工、检验、测量提供必要的技术要求。从事各种专业的技术人员,必须具备识读零件图的能力。读零件图时,技术人员应联系零件在机器或部件中的位置和作用,以及与其他零件之间的关系,方能理解和读懂零件图。

零件图识读的一般方法和步骤如下。

(1)读标题栏。

从标题栏可以了解零件的名称、材料、比例、质量等信息。从名称可判断该产品(零件)属于哪些类型的材料,进而掌握相关加工方法。从比例中可估计产品(零件)的实际大小,以及了解该产品(零件)的装配关系,对零件有一定的认识,从而对全图有整体了解。

(2)分析视图间的联系,了解零件的结构形状。

分析产品(零件)各视图的配置及相互之间的投影关系,运用形体分析和线面分析,理解产品(零件)各部分的结构,以此想象出产品(零件)的形状。看懂零件的结构形状是识读零件图的重点,组合体的读图方法仍然适用于识读零件图。读图的一般顺序是先从整体出发,再看局部;先看主体结构,再看局部结构。

(3)分析尺寸及技术要求。

首先,分析产品(零件)的长、宽、高三个方向的尺寸基准,从尺寸基准查看各部分的定形尺寸和定位尺寸,确认尺寸的加工精度要求。然后,联系与产品(零件)有关的各个部分,进行综合分析,确定尺寸之间的关系。最后,注意尺寸的公差、表面粗糙度等技术要求说明。

(4)综合整体。

零件图表达了产品(零件)的结构形式、尺寸及精度等技术要求内容,它们之间是相互关联的,所以读图时应将视图、尺寸和技术要求结合起来综合考虑,从而对该零件形成完整的认识。

6.1.5 零件测绘的方法和步骤

1. 了解和分析测绘产品(零件)

首先应了解产品(零件)的名称和材料,以及各个部分在产品中的位置、作用及与各零件的关系,然后对产品(零件)的内、外结构形状进行分析。

2. 确定表达方案

根据产品(零件)的内、外结构,优先选择主、俯、左视图三个基本视图的表达方案,再根据情况,对视图进行合理的剖视。主视图应按其形状特征、位置特征及工作位置选定。

3. 绘制产品(零件)草图

根据选定的表达方案,可预先徒手画出外形视图、剖视图等,零件上因为生产和制作出现的磨损或损伤均不画出,应有的细小结构必须画出(如铸造圆角、倒角、倒圆、凸台和凹坑等)。

4. 标注尺寸

优先选定基准,再进行尺寸标注。可先集中画出所有的尺寸界线、尺寸线和箭头,再依次测量,并记录尺寸数字。零件上的标准结构的尺寸,必须依据相应国家标准和规范画出,且相关尺寸一定保持一致。

注写技术要求,如零件上的表面粗糙度、极限与配合、几何公差等,可使用类比法。

注意:

主要尺寸必须保证精度。标题栏须填写产品(零件)的名称、材料、制图和审核人员姓名及完成时间等信息。

6.2 装　配　图

装配图是表达机器或部件的工作原理、运动方式、零件间的连接及其装配关系的图样,是生产中的主要技术文件之一。在生产一部新机器或者部件的过程中,一般要先进行设计,画出装配图,再由装配图拆画出零件图,然后按零件图制造零件,最后依据装配图把零件装配成机器或部件。在产品或部件的使用维护及维修过程中，也经常要通过装配图来了解产品或部件的工作原理及构造。表达一台完整机器的装配图，称为总装配图；表达机器中某个部件或组件的装配图，称为部件或组件装配图。

6.2.1 装配图的内容

1. 一组视图

用一组视图能正确、完整、清晰地表达产品或部件的工作原理，各组成零件间的相互位置和装配关系及主要零件的结构和形状。

2. 必要的尺寸

标注出机器或部件的规格尺寸、各零件间的外形尺寸、配合尺寸、机器或部件的安装尺寸，以及其他重要尺寸。

3. 技术要求

用国家标准规定的文字或符号说明机器或部件的装配、安装、调试、检验、使用与维护等方面的技术要求。

4. 序号、明细栏、标题栏

在装配图中，必须对每个零件进行编号。可在明细栏中列出零件序号、代号、名称、数量、材料、单件和总计的质量与备注等。代号列内填写标准件的标准编号或非标准零件的零件图的图号。标题栏中写明装配体名称、图号、绘图比例及设计、制图、审核人员的签名和日期等。按《技术制图 明细栏》（GB/T 10609.2—2009）的规定绘制装配图中的明细栏，明细栏包括内容、格式与尺寸等，学生作业建议采用前文提及的格式。

6.2.2 装配图画法

1. 装配图画法

装配图画法要以表达机器或部件的工作原理和装配关系为重心，采用适当的表达方法把机器或部件的内部、外部的结构形状和零件的主要结构表示清楚。

两个相邻零件的接触表面和配合表面采用一条线表示，不接触的两个零件表面，即使间隙很小，也应画出两条线。当零件相邻时，为了区别不同零件，在装配图中，相邻两金属零件的剖面线倾斜方向应相反；当三个零件相邻时，其中两个零件的剖面线倾斜方向一致，但要错开或间隔不相等。在各视图中，同一零件的剖面线倾斜方向和间隔应一致。

在剖视图中，对实心杆件（轴、球、连杆等）和一些标准件（销、螺母、螺栓、垫圈等），剖切面通过其轴线或对称平面剖切这些零件时，只需画出外形的结构线。

2. 特殊画法

（1）拆卸画法。

在装配图中，当某些零件遮住了需要表达的结构和装配关系时，可假想沿某些零件的结合面剖切或假想将某些零件拆卸后绘制，并在视图上方加注“拆去××等”，这种画法称为拆卸画法。若有必要，也可局部拆卸，此时应以波浪线表示拆卸范围。

（2）夸大画法。

在画图时，若遇到薄片零件、细丝弹簧、微小间隙等，无法按实际尺寸画出，即使能画出，但其结构很难表示清楚，可采取夸大画法。

（3）假想画法。

为了表达运动零件的运动范围或极限位置，部件和相邻零件或部件的相互关系，可以用细双点画线画出其轮廓。

（4）简化画法。

在装配图中，零件的工艺结构，如圆角、倒角等允许省略不画；螺母和螺栓允许采用简化画法。遇到螺纹连接件或铆钉连接件等相同零件组时，可画出一处，其余可用点画线表示其中心位置。

在装配图中，可单独画出某一零件的视图，但必须在所画视图上方注出该零件的视图名称，在装配图上相应的零件附近用箭头指明投影方向，并注上与视图名称相同的字母。

6.2.3 装配图的尺寸标注

装配图的作用不同于零件图，不是制造零件的直接依据。装配图中不需标注出零件的全部尺寸，而只需标注出与机器或部件的性能、装配关系、工作原理、安装及运输等相关的必要的尺寸，这些尺寸按其作用的不同，大致可以分为以下几类。

1. 性能（规格）尺寸

性能尺寸是说明机器或部件性能（规格）的重要尺寸，是设计、了解和使用机器或部件的重要参数。

2. 装配尺寸

装配尺寸是表明零件之间配合性质的尺寸，相对位置尺寸是零件在装配、调试时保证零件间相对位置所必须具备的尺寸。

3. 安装尺寸

安装尺寸是机器或部件安装时或将其装配在机器上所需要的尺寸。

4. 外形尺寸

外形尺寸是机器或部件外形轮廓的大小，即总长、总宽和总高，为确定包装、运输和安装机器或部件过程所需的空间大小提供了重要数据。

5. 其他重要尺寸

其他重要尺寸是在设计中确定，又不属于上述几类尺寸的重要尺寸，比如运动零件的极限位置尺寸、主体零件的主要尺寸等。

上述五类尺寸之间是相互关联、相互作用的，有的尺寸还具备多种作用。对装配图的尺寸标注还需要根据具体情况、具体分析后再依国家标准进行。

6.2.4 装配图技术要求

在装配图中，部分信息采用图形或者规定符号也很难表示清楚，此时可以用文字进行辅助补充说明，如在装配过程中应达到的技术要求，产品（零件）执行的技术标准；产品的外观说明（运输、包装、防震等必要要求等）。

在装配图中，技术要求的说明文字可写在标题栏的上方或左侧，根据实际要求进行注写。技术要求包括：产品的功能、性能、安装、使用及维护的要求；产品的制造、检验和操作使用的方法及要求；产品的特殊要求等。

6.2.5 装配图中零件序号和明细栏

根据国家标准要求，装配图中的每种零部件必须编写序号，以便读图及图样的管理。根据《机械制图 装配图中零、部件序号及其编排方法》（GB/T 4458.2—2003）编写序号，同一装配图中相同的零、部件（即每种零、部件）只编写一个序号，并在标题栏上方填写与图中序号一致的明细栏。

1. 编写序号的方法

（1）编写序号的常见形式：在所指的零、部件的可见轮廓内画一圆点，从水平的基准（细实线）上或圆（细实线）内注写序号，序号的字号比该装配图中所注写尺寸数字的字号大一号，如图 6-2 所示。

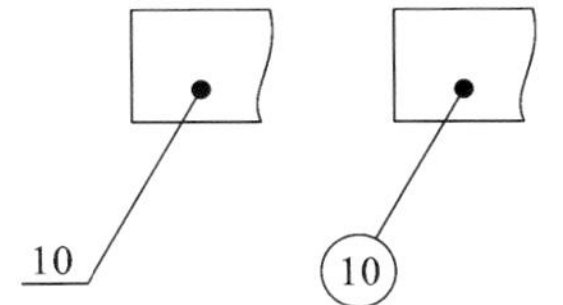

图 6-2 常见装配图序号形式

（2）指引线不能相交。当指引线通过有剖面线的区域时，不应与剖面线平行。若所指部分（很薄的零件或涂黑的剖面）内不方便画圆点，可在指引线的末端画出箭头，并指向该部分的轮廓，如图 6-3 所示。指引线可以画成折线，但只可弯折一次，如图 6-4 所示。

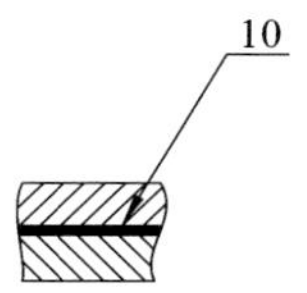

图 6-3　装配图序号（指引线末端画出箭头）

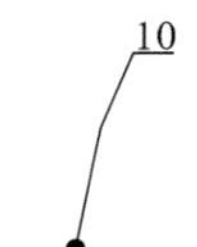

图 6-4　装配图序号（指引线画成折线）

（3）一组紧固件及装配关系清楚的零件组，可采用公共指引线，如图 6-5 所示。

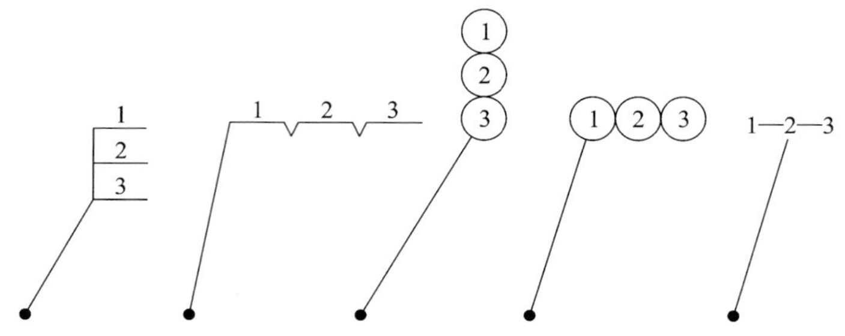

图 6-5　公共指引线的标注形式

（4）将装配图中的标准化组件（如滚动轴承、电动机等）看作一个整体时，只编写一个序号。

（5）装配图中序号应按水平或竖直方向排列整齐，也可按顺时针或逆时针方向顺次排列，当在整个图上无法连续时，可只在每个水平或竖直方向顺次排列。装配图中序号也可按装配图明细栏（表）中的序号排列，当采用此种方法时，应尽量在每个水平或竖直方向顺次排列。

（6）部件中的标准件与非标准零件一样需要编写序号，若不编写序号，则应将标准件的数量与规格直接用指引线标明在图中。

2. 明细栏

（1）明细栏组成。

明细栏是机器或部件中全部零、部件的详细目录，一般应画在标题栏的上方。明细栏一般由序号、代号、名称、数量、材料、质量（单件、总计）、分区、备注等组成，也可按实际需要增加或减少栏目。

①序号：填写图样中相应组成部分的序号。

②代号：填写图样中相应组成部分的图样代号或标准号。

③名称：填写图样中相应组成部分的名称。必要时，也可写出其类型与尺寸。

④数量：填写图样中相应组成部分在装配中所需要的数量。

⑤材料：填写图样中相应组成部分的材料标记。

⑥质量：填写图样中相应组成部分单件和总件数的计算质量。以千克（公斤）为计量单位时，允许不写出其计量单位。

⑦分区：必要时，应按照有关规定填写分区代号在备注栏中。

⑧备注：填写该项的附加说明或其他有关的内容。

(2)明细栏绘制要求。

明细栏应画在标题栏的上方,其零、部件的序号应自下而上填写,如图 6-6 和图 6-7 所示,其格数应根据需要而定。当自下而上延伸位置不够时,明细栏可紧靠在标题栏的左边自下而上延续。

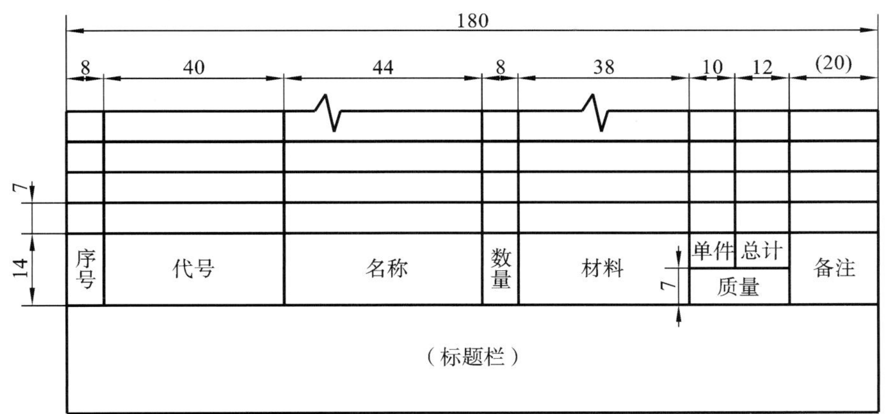

图 6-6 明细栏的格式 1

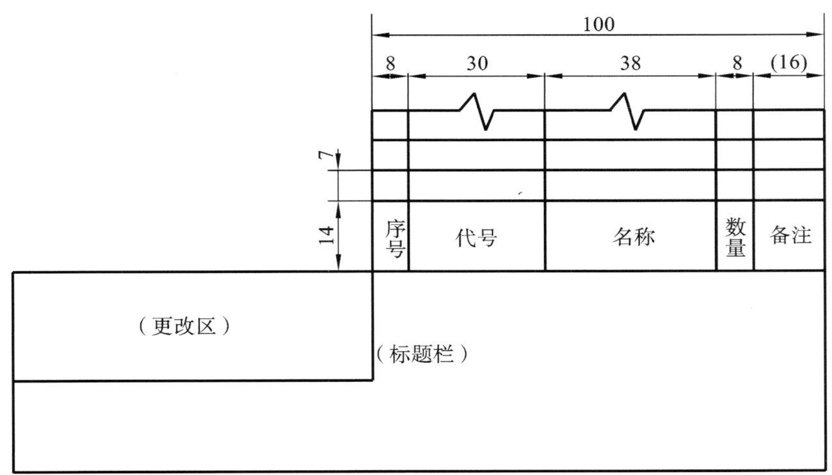

图 6-7 明细栏的格式 2

当装配图中不能在标题栏的上方配置明细栏时,明细栏可作为装配图的续页按 A4 幅面单独给出,如图 6-8 和图 6-9 所示。其填写顺序应是由上而下延伸,可连续加页,但应在明细栏的下方配置标题栏,并在标题栏中填写与装配图相一致的名称和代号。

材料栏内填写该零件在制造时所使用的材料的名称、牌号、代号等。

备注栏内填写相应的工艺(制造)说明,如零件的热处理、表面处理等要求或其他说明。

需缩微复制的图样,其明细栏应满足《技术制图 明细栏》(GB/T 10609. 2—2009)的规定。

6.2.6 装配图的绘图步骤

在绘制装配图前,应了解清楚各零件之间的装配关系,包括各零件的工作原理。应仔细观察和分

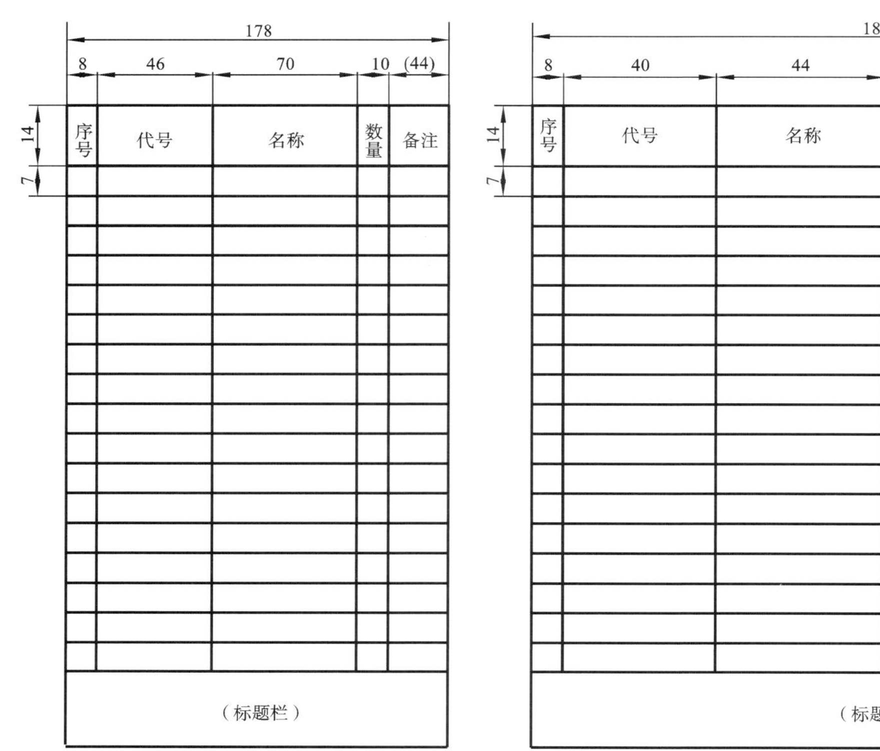

图 6-8 明细栏的格式 3

图 6-9 明细栏的格式 4

析（必要时可研究实物）或一起讨论和分析装配图，对产品、部件有大致的了解。

1. 装配图主视图的选择

装配图中的主视图应选择能够清晰表示产品或部件的工作原理和装配关系的视图。主视图须尽可能体现产品或部件的主要结构特征、各个零件之间的相对位置关系，以及装配关系。将产品或部件按工作位置放置，如果工作位置是倾斜的，可将其摆正；主要装配关系的视角与投影面垂直或平行。在选择表达视图时，应先确定主视图，再确定其他视图。

2. 装配图其他视图选择

选择其他视图时，须分析产品或部件中还有哪些重要的性能、工作原理，以及主要零件的主要结构没有表达清楚，确定无误后，再补齐其他视图。注意每个零件至少应该在所有视图中出现一次，便于掌握零件的位置关系，并进行清晰的编号。重要的部件须单独画出，进行尺寸标注。

3. 视图数量

视图数量以能清楚表达产品的内部结构和工作原理为宜。如果零件的细小结构没有表达清楚，可以使用放大的剖视图或局部剖视图进行绘制和标注，形状较为复杂的投影，可进行单独的向视图绘制。

4. 绘制装配图步骤

首先，仔细观察产品（零部件），了解其工作原理、结构特征、装配特点等，掌握整个产品（零部件）的尺寸和复杂程度。然后，确定其视图表达，选择适当的比例、图纸幅面；最后，须注意图幅要包括尺寸标注、零部件的序号、技术要求明细栏、标题栏等所需要的位置。

（1）根据视图表达，选择适当的比例，绘制图框线、标题栏和明细栏。

（2）配置视图时，可先确定每个基本视图的主要轴线、对称中心线和作图基准线，由主视图开始绘制主要零件的轮廓，多个视图配合进行绘制，一边绘制零件，一边留意尺寸标注和其序号等空间。依据装配关系、零部件的位置关系，由内向外逐个画出各个零件，也可以从外向里，作图方便即可。

（3）尺寸标注时，根据国家标准，从主要零部件的尺寸开始标注，并依次标注。

（4）在完成加深绘制和标注后，须对图纸进行全面的核查和校对。确保最后绘制的图样均为规范要求使用的线与符号。

（5）编写零、部件序号，填写明细栏、编写的技术要求。

（6）填写标题栏，再经校核，签署姓名。

透明喷雾瓶的装配图和零件图，如图 6-10～图 6-16 所示。

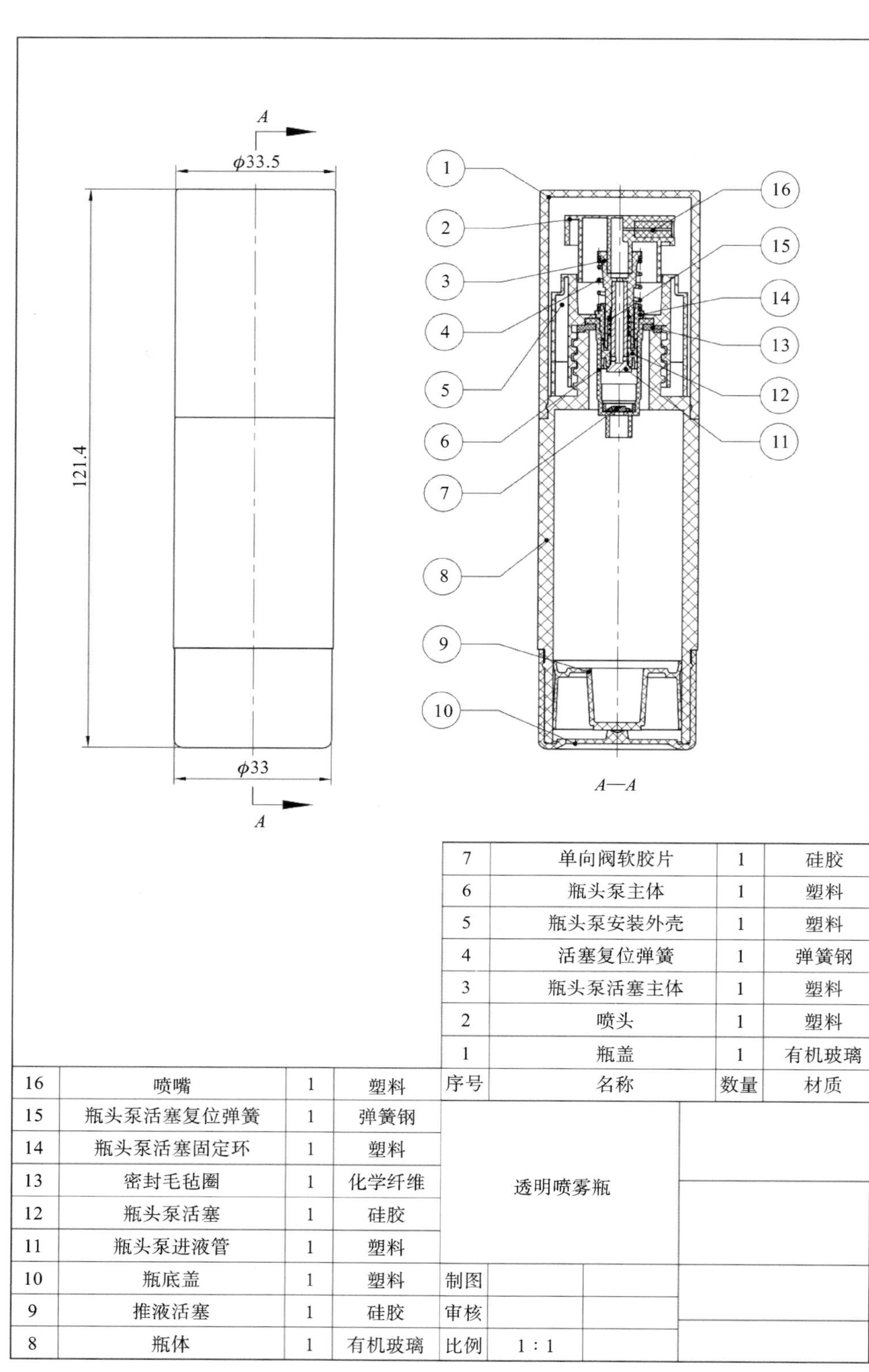

序号	名称	数量	材质
1	瓶盖	1	有机玻璃
2	喷头	1	塑料
3	瓶头泵活塞主体	1	塑料
4	活塞复位弹簧	1	弹簧钢
5	瓶头泵安装外壳	1	塑料
6	瓶头泵主体	1	塑料
7	单向阀软胶片	1	硅胶
8	瓶体	1	有机玻璃
9	推液活塞	1	硅胶
10	瓶底盖	1	塑料
11	瓶头泵进液管	1	塑料
12	瓶头泵活塞	1	硅胶
13	密封毛毡圈	1	化学纤维
14	瓶头泵活塞固定环	1	塑料
15	瓶头泵活塞复位弹簧	1	弹簧钢
16	喷嘴	1	塑料

透明喷雾瓶		
制图		
审核		
比例	1：1	

图 6-10　透明喷雾瓶的装配图

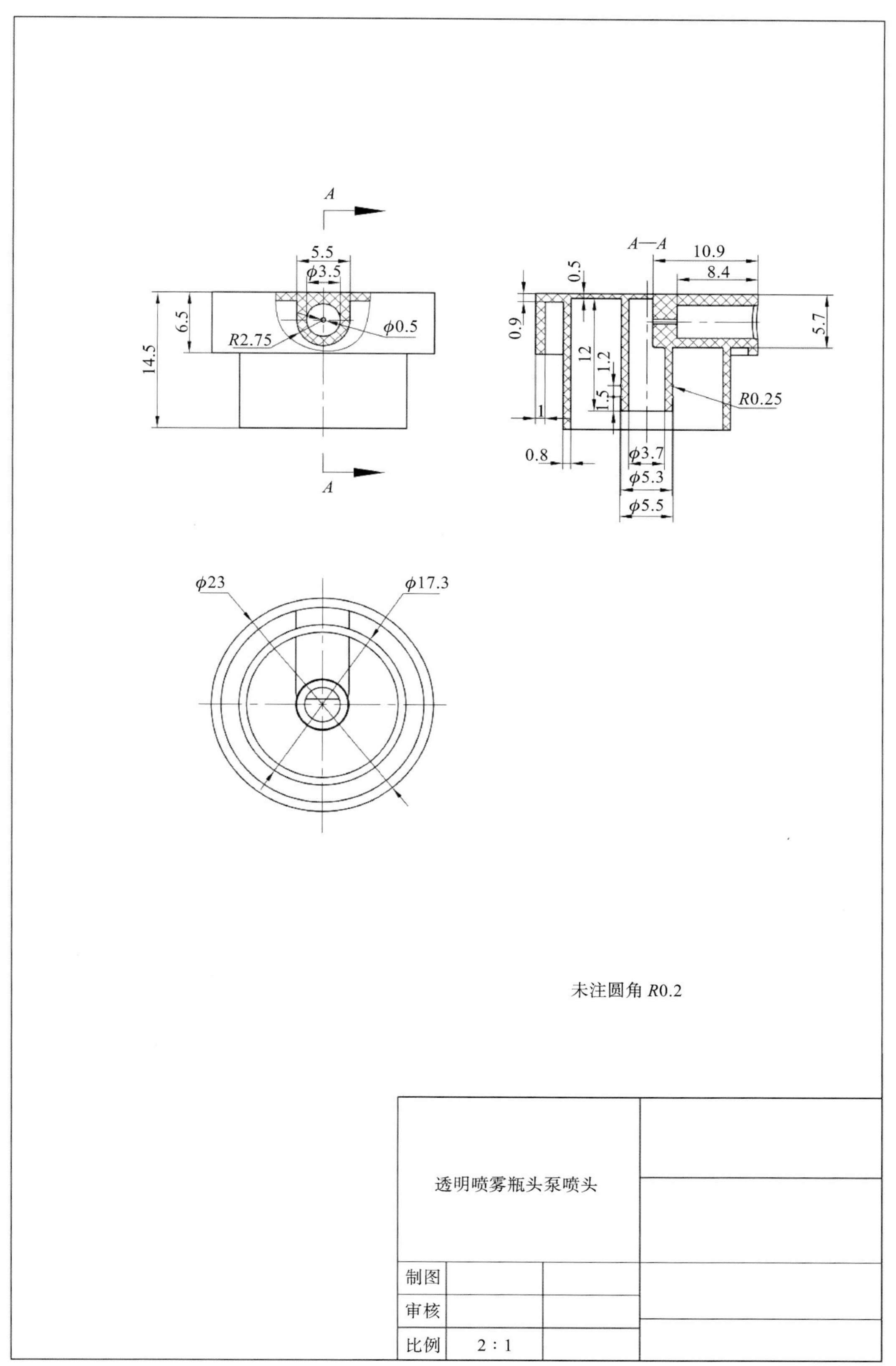

图 6-11 透明喷雾瓶的零件图——透明喷雾瓶头泵喷头

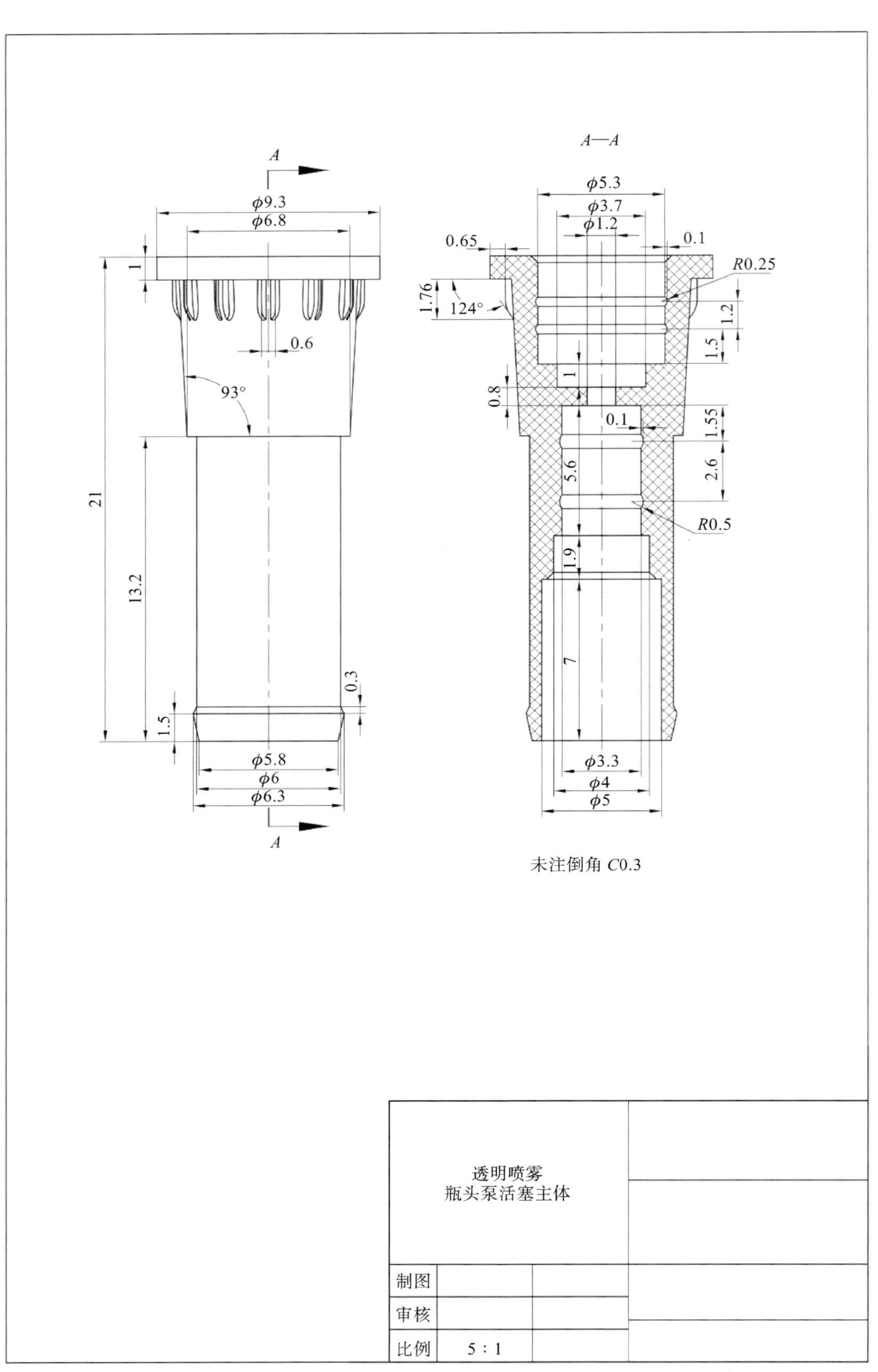

图 6-12　透明喷雾瓶的零件图——透明喷雾瓶头泵活塞主体

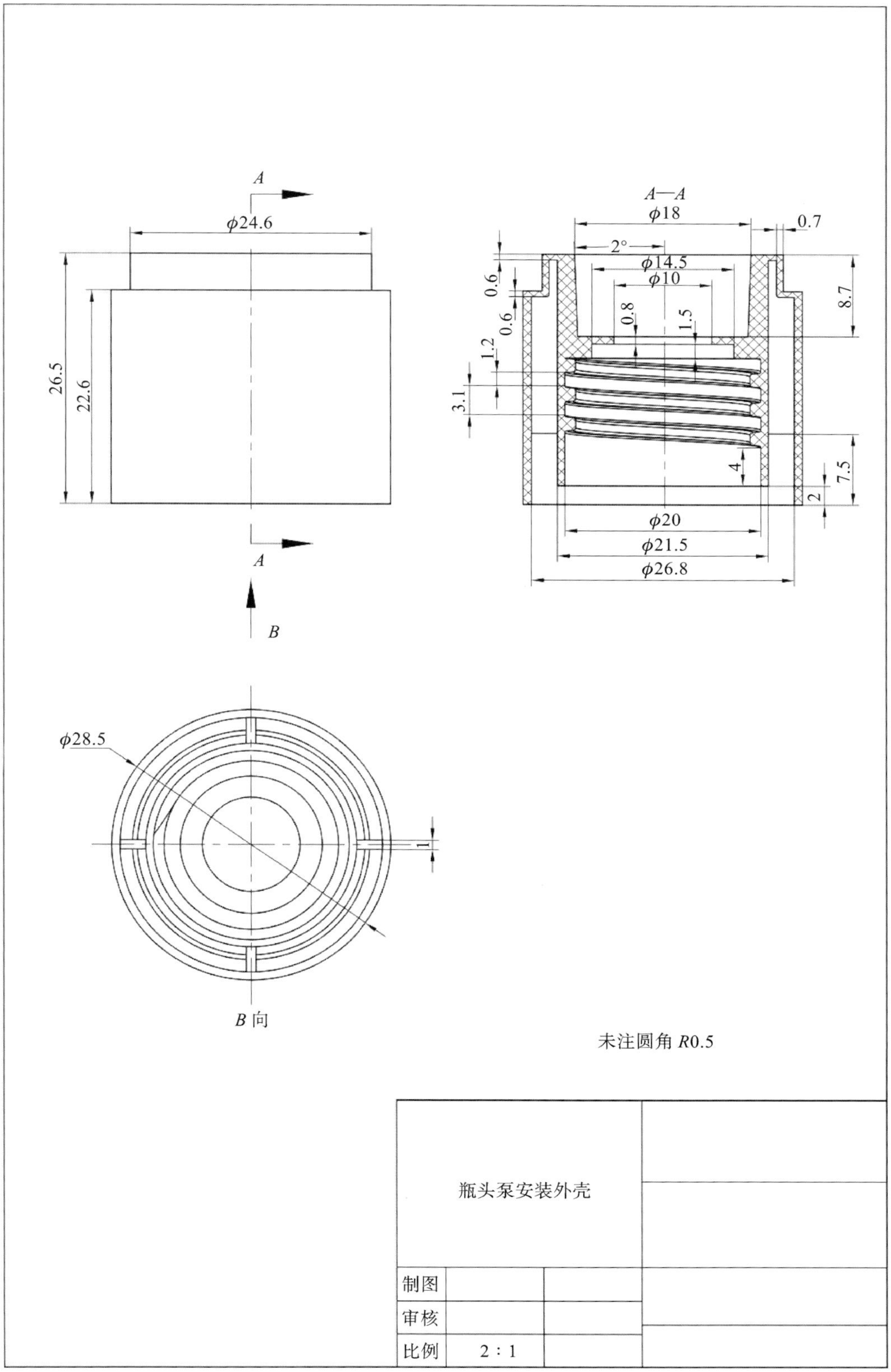

A

ϕ24.6

26.5

22.6

A

B

A—A

ϕ18

0.7

2°

ϕ14.5

ϕ10

0.6

0.6

0.8

1.5

8.7

1.2

3.1

4

7.5

2

ϕ20

ϕ21.5

ϕ26.8

ϕ28.5

1

B 向

未注圆角 *R*0.5

瓶头泵安装外壳			
制图			
审核			
比例	2：1		

图 6-13　透明喷雾瓶的零件图——瓶头泵安装外壳

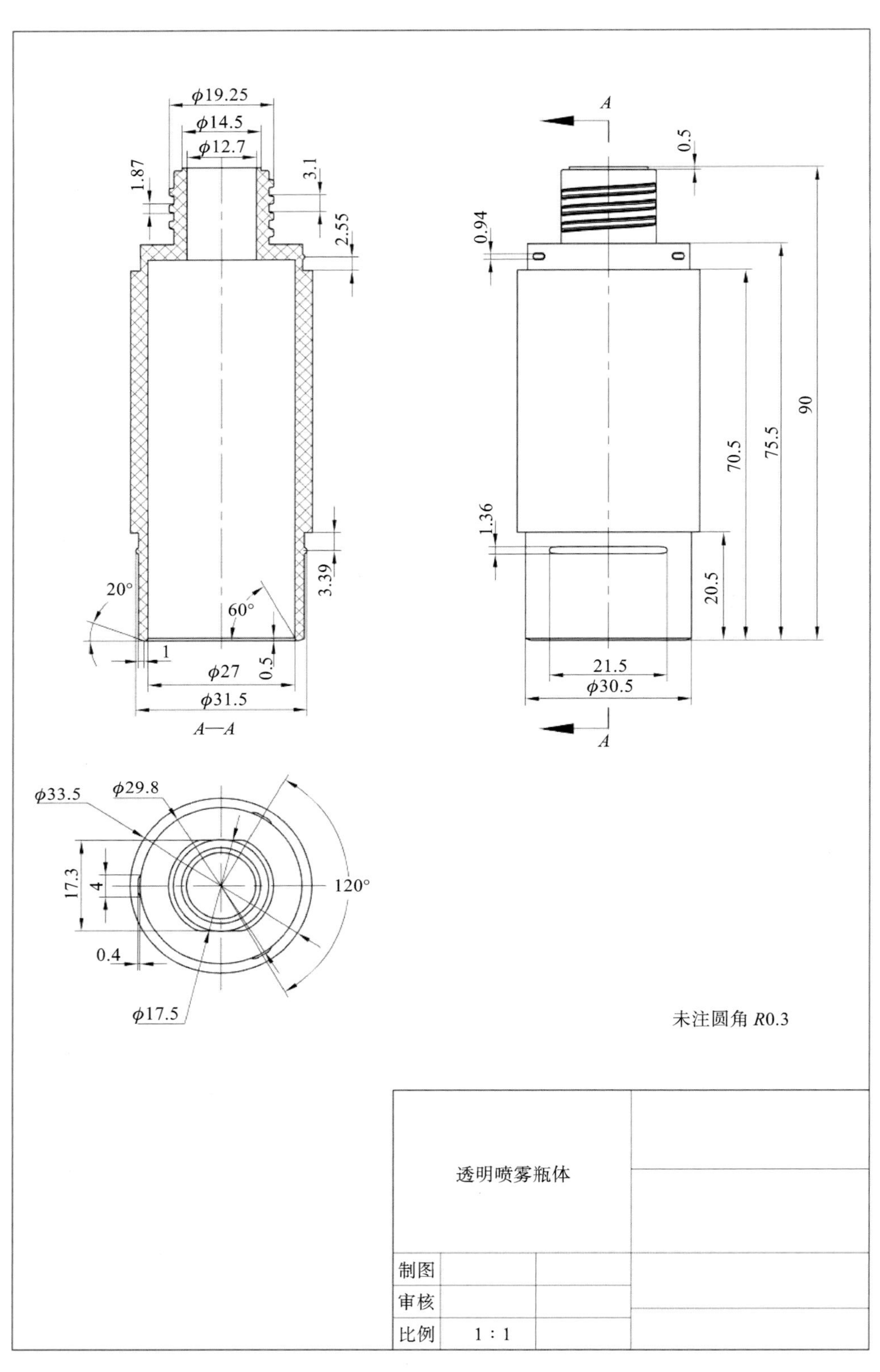

图 6-14 透明喷雾瓶的零件图——透明喷雾瓶体

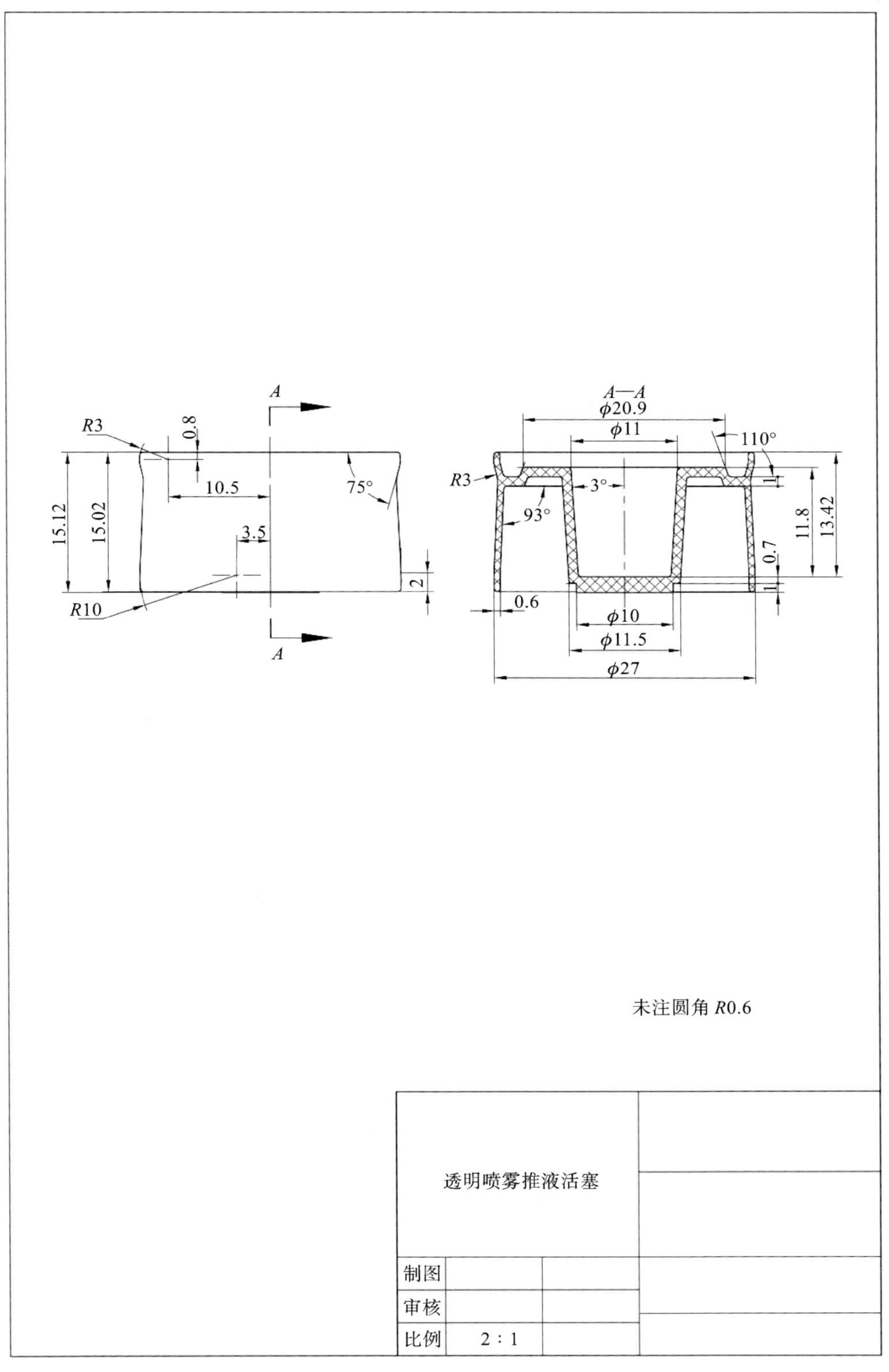

图 6-15　透明喷雾瓶的零件图——透明喷雾推液活塞

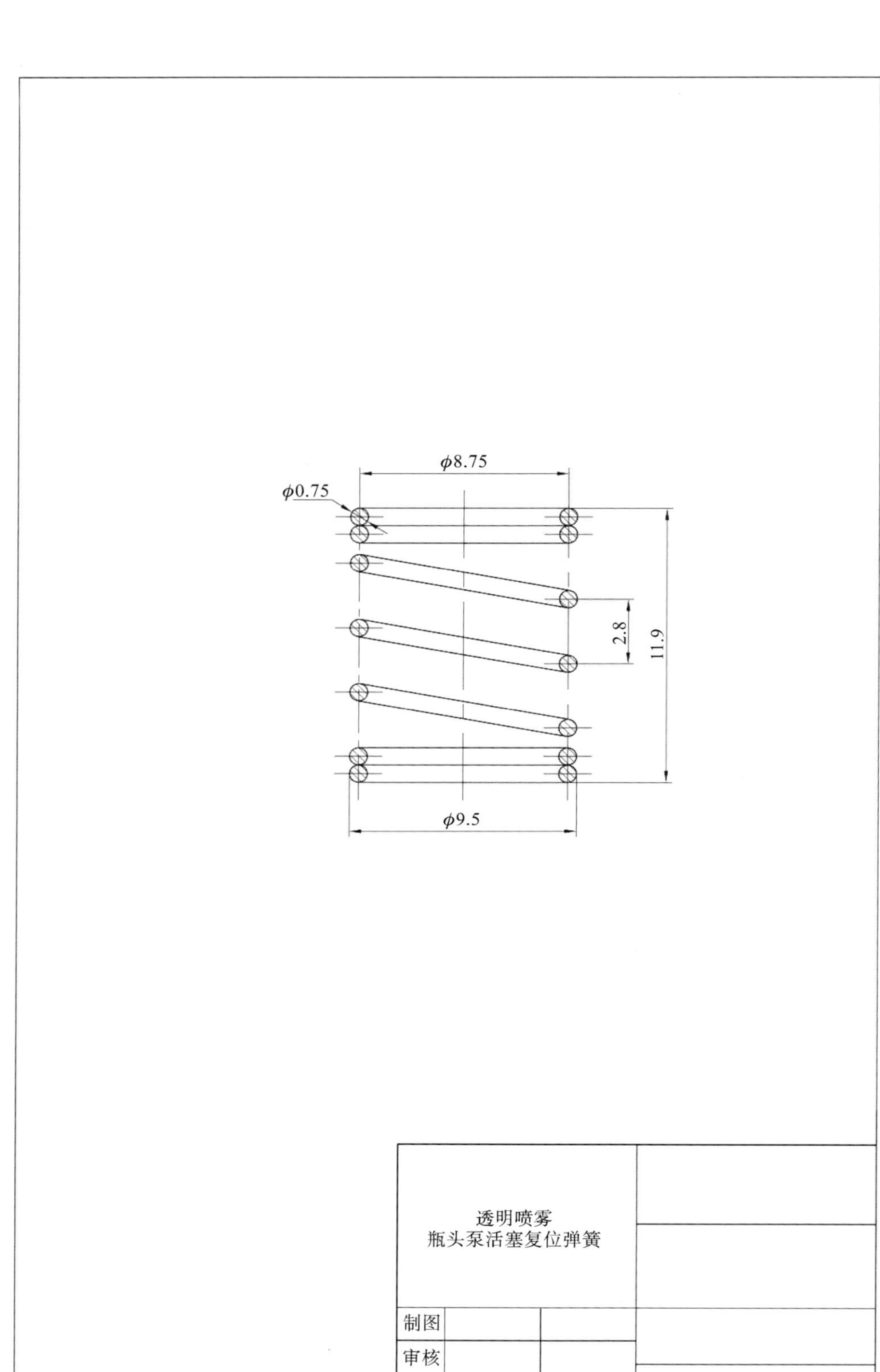

图 6-16　透明喷雾瓶的零件图——透明喷雾瓶头泵活塞复位弹簧

参考文献

References

[1] 何铭新,钱可强,徐祖茂. 机械制图[M]. 6 版. 北京:高等教育出版社,2010.

[2] 佟莹等. 机械制图[M]. 重庆:重庆大学出版社,2021.

[3] 李琦,苏欣颖. 工业设计制图[M]. 2 版. 重庆:西南师范大学出版社,2016.

[4] 唐蕾,孙冬梅. 产品设计图学[M]. 2 版. 北京:人民美术出版社,2012.

[5] 杨光辉,樊百林. 工程制图[M]. 北京:中国铁道出版社,2021.

[6] 毛颖,杨玮娣,章萌. 设计制图[M]. 北京:航空工业出版社,2021.

[7] 田凌,冯清. 机械制图[M]. 2 版. 北京:清华大学出版社,2013.